動かしながら学ぶWebサーバーの作り方

ゼロからはじめるLinux

CentOS7対応

サーバー構築・運用ガイド

Yoshikazu Nakajima
中島能和

本書内容に関するお問い合わせについて

このたびは翔泳社の書籍をお買い上げいただき、誠にありがとうございます。弊社では、読者の皆様からのお問い合わせに適切に対応させていただくため、以下のガイドラインへのご協力をお願い致しております。下記項目をお読みいただき、手順に従ってお問い合わせください。

●ご質問される前に

弊社Webサイトの「正誤表」をご参照ください。これまでに判明した正誤や追加情報を掲載しています。

正誤表　https://www.shoeisha.co.jp/book/errata/

●ご質問方法

弊社Webサイトの「刊行物Q&A」をご利用ください。

刊行物Q&A　https://www.shoeisha.co.jp/book/qa/

インターネットをご利用でない場合は、FAXまたは郵便にて、下記"翔泳社 愛読者サービスセンター"までお問い合わせください。
電話でのご質問は、お受けしておりません。

●回答について

回答は、ご質問いただいた手段によってご返事申し上げます。ご質問の内容によっては、回答に数日ないしはそれ以上の期間を要する場合があります。

●ご質問に際してのご注意

本書の対象を越えるもの、記述個所を特定されないもの、また読者固有の環境に起因するご質問等にはお答えできませんので、あらかじめご了承ください。

●郵便物送付先およびFAX番号

送付先住所　〒160-0006　東京都新宿区舟町５
FAX番号　03-5362-3818
宛先　（株）翔泳社 愛読者サービスセンター

※本書に記載されたURL等は予告なく変更される場合があります。
※本書の対象に関する詳細はivページをご参照ください。
※本書の出版にあたっては正確な記述につとめましたが、著者や出版社などのいずれも、本書の内容に対してなんらかの保証をするものではなく、内容やサンプルに基づくいかなる運用結果に関してもいっさいの責任を負いません。
※本書に掲載されているサンプルプログラムやスクリプト、および実行結果を記した画面イメージなどは、特定の設定に基づいた環境にて再現される一例です。

はじめに

インターネットを使ったサービスを立ち上げる時、その土台となるサーバーは必須です。最近ではAWSなどのクラウドサービスを利用して短期間にインフラを構築できるようにもなりましたが、その中核となるサーバーの構築・運用技術が簡単になったわけではありません。安全なサーバーを構築・運用するには、それなりの準備が必要です。

本書では、Linuxに触れたことはあるものの、Linuxでのサーバー構築・運用を経験したことのない人を対象として、Linuxの基礎を学びつつ、インターネットサーバーの構築・運用ができるようになることを目標としています。サーバーにはいろいろな用途がありますが、本書ではもっともニーズが高いと思われるWebサーバー＋DBサーバーの構成で、WordPressサイトの構築を目指します。また、インターネット上で実際に運用できるよう、セキュリティにも配慮しています。

本書の特徴は、仮想的なサーバーを提供するVPSサービスを使って、すぐに学習を始められることです。かつては学習用の自宅サーバーを準備する工程でけっこうな時間と労力をとっていたのですが、仮想化技術の進展で手軽にサーバーを運用できるようになってきました（だからこそ、しっかりとしたサーバー技術を身につけておかなければならない、とも言えます）。実際に手を動かし、ひととおりの作業を体験してみることで、仕事に活かすことのできる技術を体験していただければと思います。

本書の執筆にあたっては、株式会社翔泳社のみなさまをはじめ、関係者の方々には大変お世話になりました。ここに感謝いたします。

2016年5月
中島 能和

本書を読む前に

本書はLinuxサーバーを構築・運用する際に必要となるものをまとめた書籍です。本書の実行例は、執筆時点（2016年4月）のさくらのVPS/CentOS 7（x86_64）にて動作確認を行っています。ローカル環境で学習したい方は巻末の付録に仮想マシンを使用する方法を解説していますのでご活用ください。

本書の表記

本書では、コマンドの実行例を次のように表しています。実際に入力をするコマンドは青字の部分です。また、紙面の都合によりコードを途中で折り返している箇所があります。1行のコードを折り返す場合は、改行マークを行末につけています。

コマンド実行例

```
$ ssh centos7.example.com
The authenticity of host '[centos7.example.com] ([fe80::9ea3:baff:fe01:e73⏎
c%eth0])' can't be established.
ECDSA key fingerprint is 56:33:25:77:0c:7d:cf:7f:99:46:38:64:a2:cb:13:17.
Are you sure you want to continue connecting (yes/no)? yes  ←── yesと入力
```

設定ファイルを編集する際には次のような白枠で記載しています。記載内容によって、説明に必要な箇所のみ、または変更箇所のみを抜き出している場合もあります。

リスト：リスト編集例

```
Port 10022
```

コマンドの構文は次のように表しています。構文の[ ]で表したものは任意で指定する項目です。コマンドの主なオプションは巻末のコマンドリファレンスをご参考ください。

書式　**chown [-R] 所有者 ファイル名またはディレクトリ名**

目　次

第9章　Dockerを使ってみよう 205

付録 225

1

Linuxって何

はじめに、Linuxそのものについて説明しておきます。LinuxとUNIX、オープンソース、カーネル、ディストリビューションといった言葉をすでに理解されている場合は、次の章に進んでください。

01 Linuxとは どのようなOSか

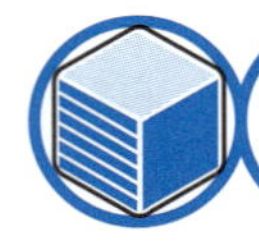

01-01 UNIXとLinux

Linuxは誕生してから25年（2016年現在）を迎える、なかなか歴史のあるOSです。Linuxが誕生した当時は、UNIXが強力なOSとして存在していましたが、一般の人たちが自由に使える状況ではありませんでした。そこで、当時フィンランドの大学生であったリーナス・トーバルズ氏が、UNIXっぽいOSとして作り上げたのがLinuxです*1。インターネット上に公開された当初は、ごくシンプルなプログラムでしたが、インターネットを通して徐々にたくさんの開発者が結集し、高機能なOSとして育っていきました。

ところでUNIXとは、Linuxに先立ち20年以上も前に開発がスタートしたOSで、大学・研究機関を中心に使われていました。UNIXは、その発展の過程でいくつかの系統に枝分かれしてきたため、現在はUNIXという単一のOSがあるわけではありません。現在も使われている主なUNIXは**表1**のとおりです。

Linuxは、これらのUNIXとは異なり、ゼロから開発されたOSです。ただし、UNIXの標準仕様（POSIX）に準拠しているため、UNIX系OS、UNIXライクなOSと呼ばれます*2。UNIX系OSとは多くのコマンドが共通していて、UNIX向けソフトウェアの多くをLinuxでも利用できます。

＊1　Linuxは「LinusのUNIX」から名付けられています。

＊2　UNIXという言葉は商標登録されており、勝手に使うことはできません。

表1：主なUNIX

UNIXの種類	説明
Solaris	Oracle（旧Sun Microsystemsが開発）のUNIX
HP-UX	HPが開発したUNIX
AIX	IBMが開発したUNIX
FreeBSD	オープンソースで開発されているBSD系UNIX
OpenBSD	オープンソースで開発されているBSD系UNIX
NetBSD	オープンソースで開発されているBSD系UNIX
OS X	Apple社が開発しているUNIX。MacのOSとして使われている

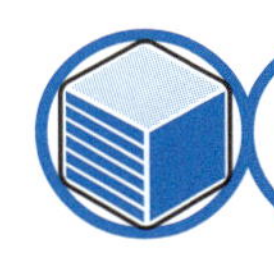

01-02 オープンソースとライセンス

Linuxカーネル（P.5参照）は、ソースコードがインターネット上で公開され、誰もが開発に参加でき、誰もが自由に利用できる形で発展してきました。そのようなソフトウェアをオープンソースソフトウェア（Open Source Software：OSS）といいます（**表2**）。オープンソースソフトウェアは、ソースコード、つまりプログラマーがプログラミング言語で記述したプログラムがオープンとなっていて、誰でもそのソフトウェアに改良を加えてかまいません。

表2：主なオープンソースソフトウェア

ソフトウェア	説明
OpenOffice.org	ワープロや表計算ソフトウェアが含まれたオフィスソフトウェア
LibreOffice	OpenOffice.orgから分岐したオフィスソフトウェア
Apache HTTP Server	Webサーバーソフトウェア
nginx	Webサーバーソフトウェア
Samba	Windowsファイルサーバーやドメインコントローラーになることができるサーバーソフトウェア
Postfix	メールサーバーソフトウェア
WordPress	CMS（コンテンツ管理システム）
Firefox	Webブラウザ
GIMP	フォトレタッチソフトウェア

The Open Source Initiativeによる「オープンソースの定義」*3では、オープンソースを次のように定義しています。

- 自由に販売したり、無償で配布したりできる
- ソースコードを入手できる
- 元のソフトウェアを改良したり、派生ソフトウェアを作ったりできる
- 作者のソースコードの完全性を維持する
- 特定の個人やグループを差別しない
- 利用分野を制限しない
- 追加的なライセンスを要求しない
- 特定の製品でのみ有効なライセンスを禁止する
- いっしょに配布されるソフトウェアのライセンスを制限しない
- ライセンスは技術的に中立でなければならない

オープンソースソフトウェアと対になるのがプロプライエタリなソフトウェア、つまりソフトウェア会社の中だけで開発されているソフトウェアです。プロプライエタリなソフトウェアのソースコードは公開されていません。

オープンソースソフトウェアは、何らかのライセンス（使用許諾）に従って公開されています。もっとも有名なライセンスがGPL（GNU General Public License）であり、Linuxカーネルも GPLライセンスを採用しています。オープンソースのライセンスは、GPLをはじめとして何十種類もあります。

注意　ソフトウェアを利用する際は、商用・非商用を問わず、そのソフトウェアのライセンスに従う必要があります。

*3 http://www.opensource.jp/osd/osd-japanese.html

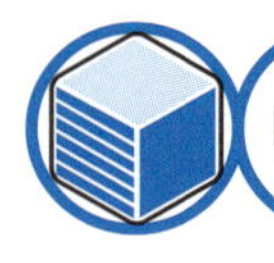

01-03 カーネルとディストリビューション

OSの中核となるプログラムをカーネルといいます。「Linux」というのは本来、カーネルに付けられた名称です。カーネルだけではOSとして使えません。利用者とカーネルとの仲介役をするシェルや、さまざまなユーザープログラム、ユーザーインターフェースを実現するプログラムなどが組み合わされて、はじめて日常の用途に使えるOSができあがります。

ただし、一般のユーザーがそれらを組み合わせるのは技術的に難しく、大変な手間もかかります。そこで、LinuxベンダーやLinux開発コミュニティは、Linuxカーネルと、多数のオープンソースソフトウェアを組み合わせ、インストーラーといっしょに配布するようになりました。これをディストリビューションといいます*4（**図1**）。一般的に「Linux OS」というのはディストリビューションを指します。

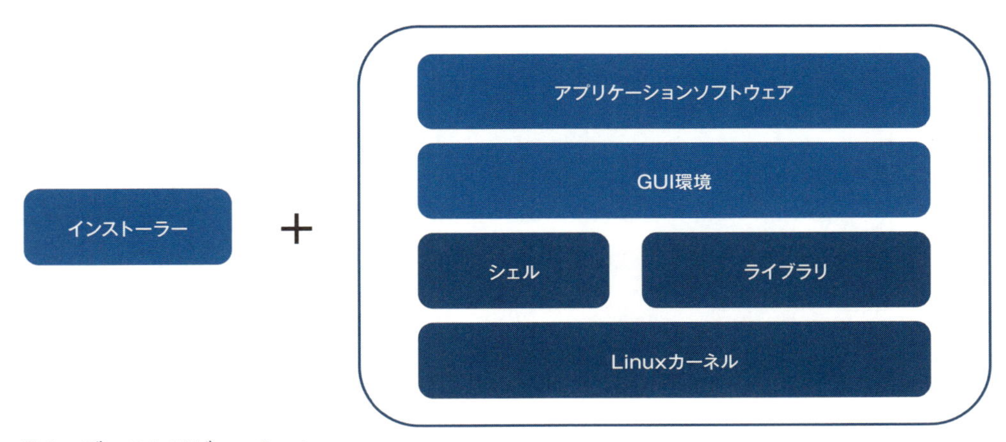

図1：ディストリビューション

＊4 distributeとは配布するという意味です。ディストリビューションの配布元をディストリビューターといいます。

ディストリビューションは数百種類、無名のものも含めると数千種類はあります。

参考 ディストリビューターとなっているのは、営利企業、インターネット上のコミュニティ、個人などさまざまです。既存のディストリビューションをベースにオリジナルなディストリビューションを作るのも難しくはありません。

ディストリビューションが豊富なのは、Linuxのアドバンテージでもあり、欠点でもあります。サーバー用、エンターテイメント用、教育用、組み込み機器用など、利用目的にマッチしたディストリビューションを選択できるのはメリットですが、どれを選べばよいか分かりづらいのはデメリットです。ディストリビューションが異なると、見た目や使い勝手がまるで別のOSのように見える場合もあります（**図2、3**）。

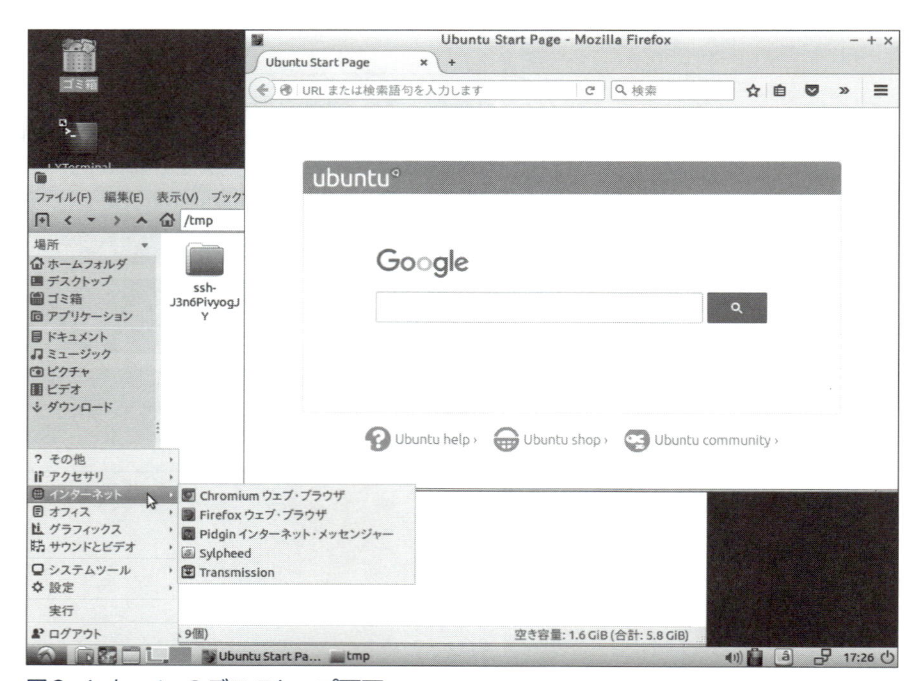

図2：Lubuntuのデスクトップ画面

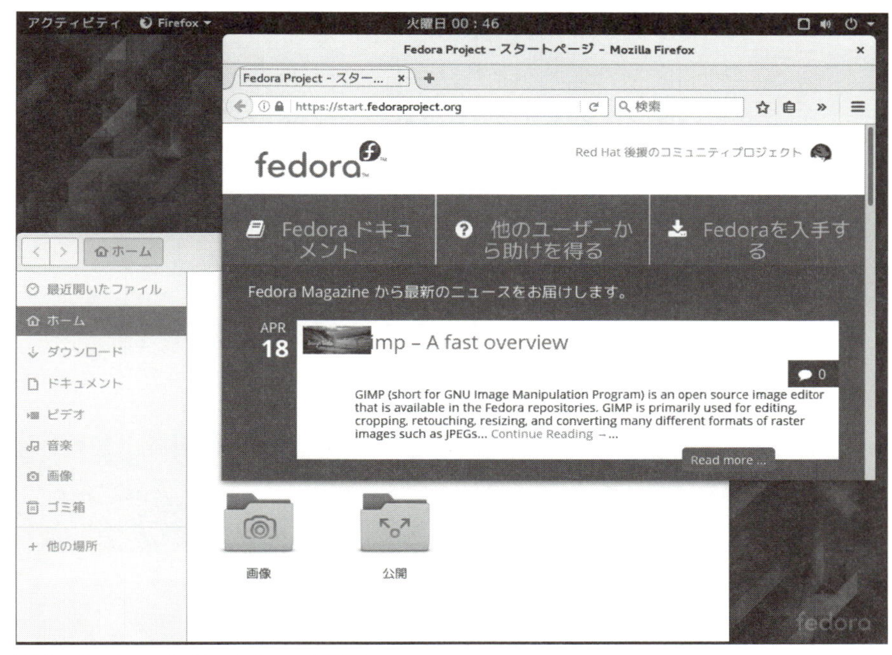

図3：Fedoraのデスクトップ画面

参考 DistroWatch（http://distrowatch.com/）でディストリビューションの人気ランキングを見ることができます。

ディストリビューションには、大きく分けて2つの系統があります。Red Hat系ディストリビューションとDebian系ディストリビューションです。

01-04 Red Hat系ディストリビューション

Fedora（フェドラ）

コミュニティ（Fedora Project）によって開発されている先進的なディストリビューションです（**図4**）。デスクトップ向けのFedora Workstation

と、サーバー向けのFedora Serverがあります。無償で配布され、先進的なソフトウェアが導入されることから、個人ユーザーに人気が高い反面、企業での導入はあまりありません。半年に一度という早いペースで新しいバージョンがリリースされるため、長期的な利用には向いていないのです。新しい機能をいち早く試してみたい人にはお勧めです。Fedora Projectは後述のRed Hat社によって支援されています。

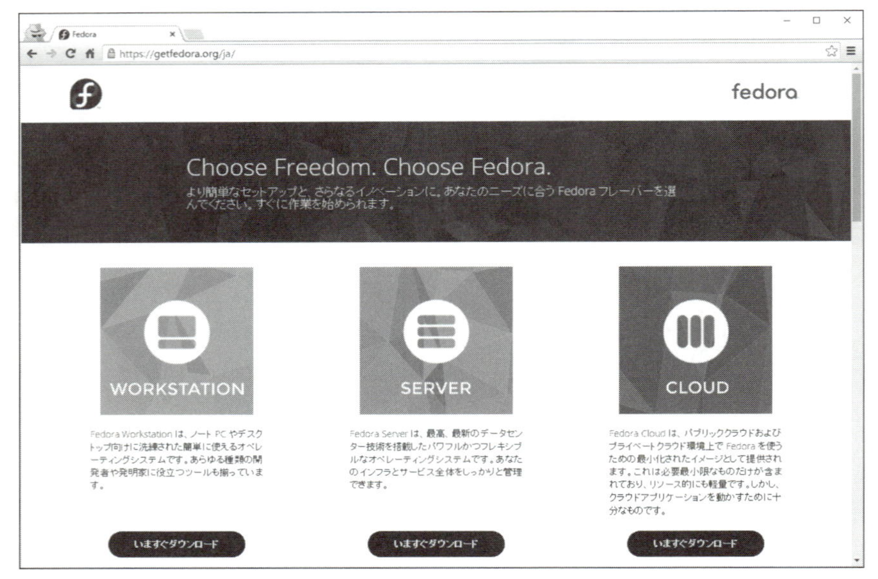

図4：FedoraのWebサイト

Red Hat Enterprise Linux

Red Hat Enterprise Linux（RHEL）は、米Red Hat社が開発している企業向け（エンタープライズ）ディストリビューションです（**図5**）。Fedoraの成果を取り込んで、安定したソフトウェアが採用されます。企業が長期間にわたって安心して利用できるよう、長期のサポートが約束されています。バージョンアップも数年に一度と、比較的ゆったりとしたペースです。Red Hat社とサブスクリプション契約を結ぶことで、常に最新バージョンに追随できます。業務で利用する場合の標準的なディストリビューションといってもよいでしょう。

図5：Red Hat Enterprise LinuxのWebサイト

セントオーエス
CentOS

Red Hat Enterprise Linuxを構成するソフトウェアのほとんどはオープンソースソフトウェアです。GNU GPL（P.12参照）では、ライセンスに従ってソフトウェアのソースコードを公開しなければなりません。RHELもソースコードが公開されていますので、それをもとに再ビルドし、Red Hat社が権利を持つロゴなどを差し替えたディストリビューションがCentOSです*5（**図6**）。つまり、Red Hat社のサポートは受けられないも

*5 そのようなディストリビューションをRed Hatクローンといいます。

のの、ほぼRHELと同じディストリビューションを無償で公開したものがCentOSというわけです。Red Hat社のサポートを不要と考える企業や個人に人気があります。なお、CentOSを開発しているコミュニティも、Red Hat社に支援されています。

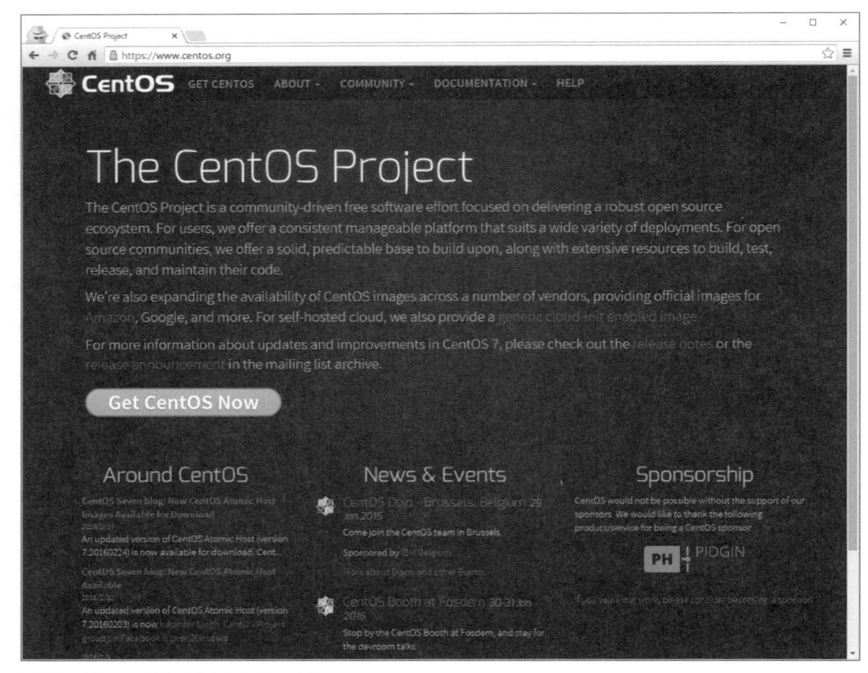

図6：CentOSのWebサイト

表3：主なRed Hat系ディストリビューション

ディストリビューション	URL
Fedora	https://getfedora.org/ja/
Red Hat Enterprise Linux	http://www.redhat.com/ja/technologies/linux-platforms/enterprise-linux
CentOS	https://www.centos.org/

01-05 Debian系ディストリビューション

Debian（デビアン） GNU/Linux

フリーソフトウェア[6]のみを用いて作られている、長い歴史のあるディストリビューションです（**図7**）。コミュニティベースで開発され、無償で利用することができます。サーバー用途でもクライアント用途でも利用できます。初心者にとってはややハードルの高いディストリビューションです。

図7：Debian GNU/LinuxのWebサイト

*6　ここでいう「フリー」ソフトウェアは、「無料」というよりも「自由」という意味合いが強いものです。

参考　GNUは、フリーソフトウェアのみを使ってUNIX互換のコンピューター環境を作ることを目標としているプロジェクトです。LinuxカーネルはGNUプロジェクトの製品ではありませんが、Linuxディストリビューションを構成するソフトウェアの多くはGNUプロジェクトの製品です。そのため「GNU/Linux」と呼ぶべき、という意見があります。

ウブントゥ
Ubuntu

Debian GNU/Linuxから枝分かれした派生ディストリビューションです(**図8**)。Canonical社によって開発されていますが、無償で提供されています。ややマニアックな印象のあるDebian GNU/Linuxとは異なり、初心者に配慮した使いやすさを追求して作られているため、デスクトップ用途で高い人気があります。デスクトップ版のほか、サーバー版も提供されています。また、日本のコミュニティが改良した日本語Remix版もあります。

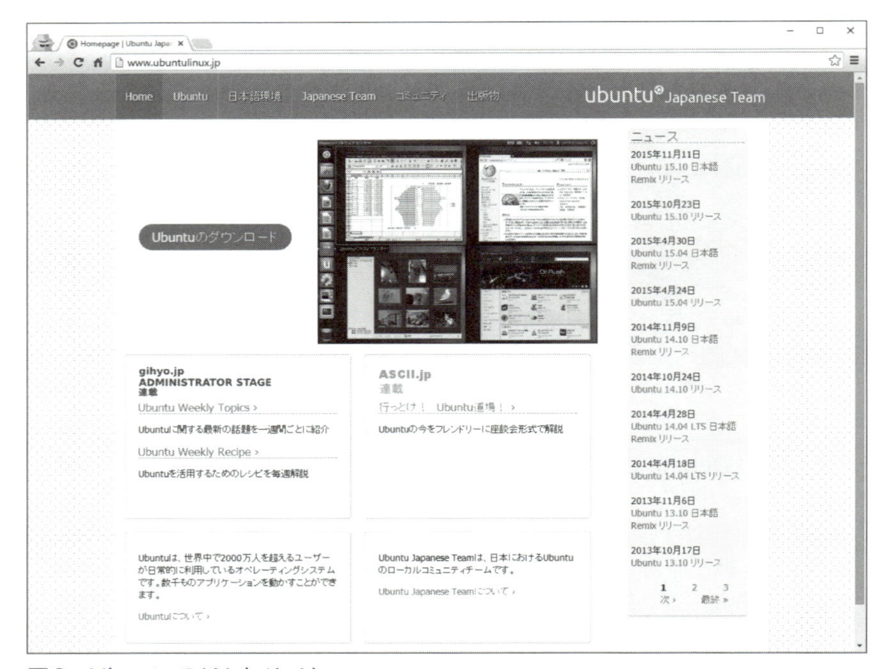

図8：UbuntuのWebサイト

Fedoraと同じく半年に一度という速いペースで、毎年4月と10月に最新版がリリースされます。2年に一度、LTS（Long Term Support）版という、長期サポートがあるバージョンがリリースされるので、大きなバージョンアップをなるべく避けたい場合はLTS版を利用するとよいでしょう。Ubuntuのバージョンは「16.04」（2016年4月リリース）のようにリリース時の「年.月」で表されます。

Lubuntu（ルブントゥ）

Ubuntuからはさらに多数の派生ディストリビューションが登場しています。例えばLubuntuは、軽量なデスクトップ環境LXDEを採用した、Ubuntuの派生ディストリビューションです（**図9**）。Ubuntuよりも軽快に動作するので、Ubuntuを動かすには厳しい低スペックのパソコンでも快適に利用できます。

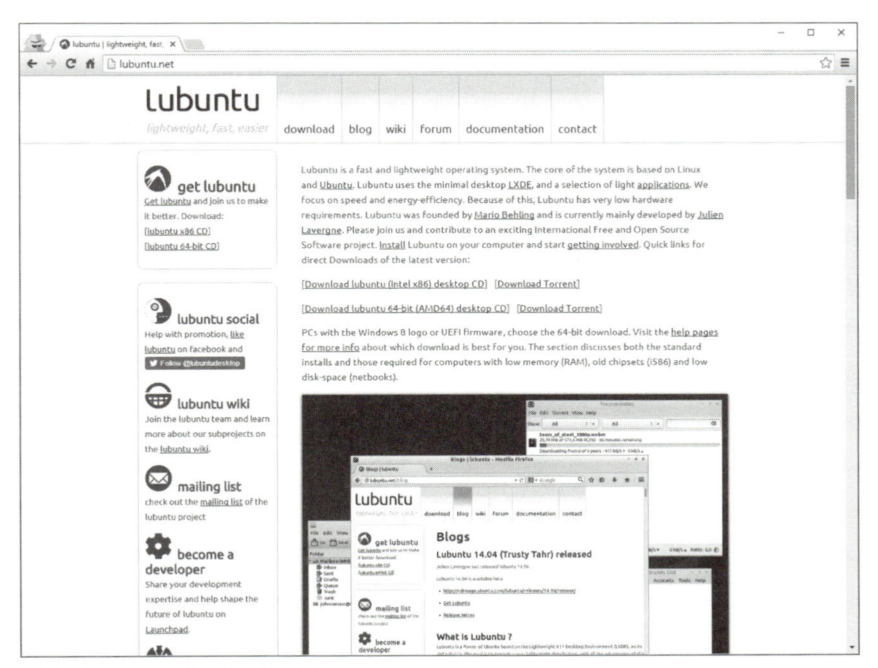

図9：LubuntuのWebサイト

Linux Mint

DebianおよびUbuntuをベースとしたディストリビューションで、家庭用のディストリビューションとしてUbuntuに次ぐ人気を誇るのがLinux Mintです。簡単に使える強力なOSを目指して開発されています。マルチメディア系に強い点も特徴の1つです。

表4：主なDebian系ディストリビューション

ディストリビューション	URL
Debian GNU/Linux	http://www.debian.or.jp/
Ubuntu	http://www.ubuntulinux.jp/
Lubuntu	http://lubuntu.net/
Linux Mint	http://linuxmint-jp.net/

01-06 その他のディストリビューション

Red Hat系でもDebian系でもないディストリビューションもあります。

Slackware

もっとも早い時期に登場したディストリビューションの一つがSlackwareです。非常にシンプルなパッケージ管理システムを持ち、ディストリビューターによってほとんど改変されていないソフトウェアを扱うことができるため、学習には適しています。Slackwareをさらにシンプルかつ軽量にしたものにSlaxがあります。

openSUSE

ノベルがスポンサーとなって開発されているコミュニティベースのディストリビューションです。サーバー向けに商用製品となったSUSE Linux Enterprise Serverはノベルが販売しています。

Gentoo Linux

個性の強いディストリビューションで、技術的な理解が十分な場合は、システムハードウェアに最適な環境を構築しやすいのが特徴です。

表5：その他のディストリビューション

ディストリビューション	URL
Slackware	http://www.slackware.com/
Slax	http://www.slax.org/
openSUSE	https://www.opensuse.org/
Gentoo Linux	https://www.gentoo.org/

Column ディストリビューションとバージョン

ディストリビューションにはバージョン番号が付けられています。「Debian 8」の「8」、「CentOS 7」の「7」といった番号です（Ubuntuのようにリリース年でバージョンを表すものもあります）。このバージョン番号（メジャーバージョン番号）は、ディストリビューションが大きくバージョンアップしたときに、より大きな数字に変更されます。メジャーバージョンアップには1〜2年以上かかるのが一般的です（半年でバージョンアップするFedoraやUbuntuは例外的です）。
メジャーバージョンが同じであっても、比較的大きな修正が行われたときは「Debian 8.3」「Debian 8.4」のように、「.」以下のマイナーバージョン番号が変更されます。マイナーバージョンが変わっても、ディストリビューションを構成している各ソフトウェアのバージョンは同じで、互換性は保たれています。メジャーバージョンがアップグレードすると、以前のバージョンでは動作していたソフトウェアが動作しなくなったり、設定方法や使い勝手が大きく変わったりすることがあります。ネットや書籍の情報を参考にするときは、どのディストリビューションに向けて書かれたものかだけではなく、バージョンにも留意してください。

02 Linuxとソフトウェア

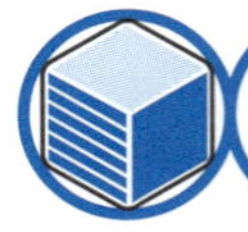

02-01 ディストリビューションを構成するソフトウェア

ディストリビューションについては先のページで説明しましたが、もう少し詳しく見ておきましょう（**図10**）。

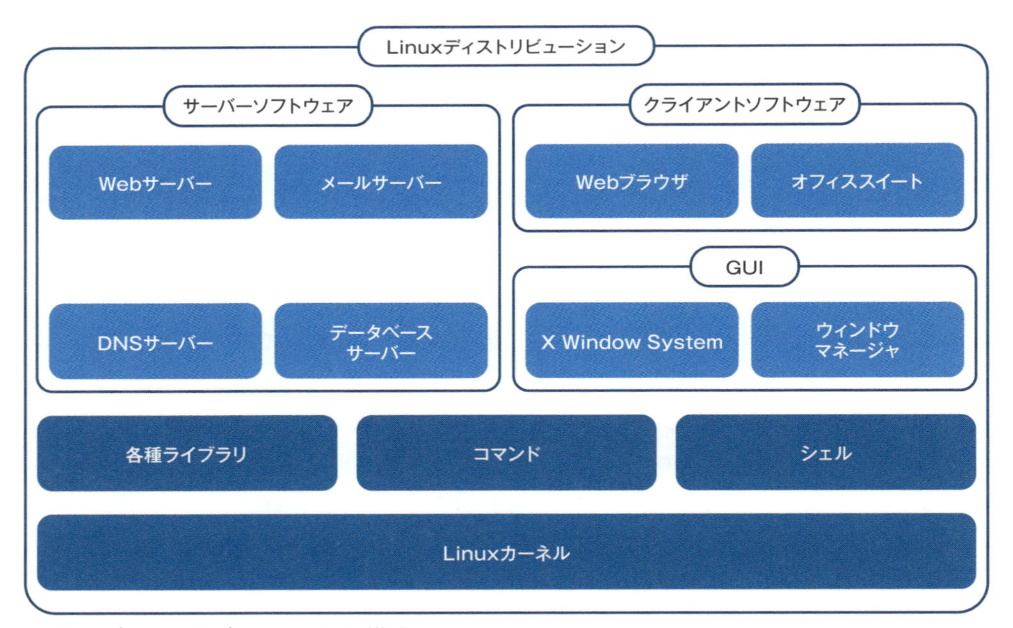

図10：ディストリビューションの構成

シェル

カーネルと利用者（ユーザー）の仲介をするプログラムです。コマンドの入力を受け付けて実行したり、簡単な処理を実行したりします。シェルについては第3章で取り上げます。

コマンド

Linuxのコマンドの多くは実行形式のプログラムです。シェルにコマンド名を入力すると、対応するプログラムが実行されます。Linuxのコマンドは数千種類もありますが、もちろん全部を知っておく必要はありませんし、50前後のコマンドを知っていれば、基本的な管理業務はこなせます。

ライブラリ

プログラムの共通部品となるのがライブラリです。プログラムが正常に動作するには、そのプログラムが利用するライブラリも適切なバージョンでインストールされている必要があります（これを依存関係といいます）。Linuxでは主にglibcというC言語のライブラリが用いられています。

GUI

WindowsやOS Xのような、グラフィカルなユーザーインターフェース（GUI）は、X Window Systemおよびウィンドウマネージャという、Linuxカーネルとは別のプログラム群で作られています。X Window Systemは入出力の中核処理を管理し、ウィンドウマネージャは見た目や操作を担当します。ウィンドウマネージャには数多くの種類があり、見た目や操作はそれぞれ異なります。

クライアントソフトウェア

Webブラウザやオフィススイート、ゲームソフトや各種アプリケーションソフトウェアなど、多数のクライアントソフトウェアが用意されています。Windows用やOS X用のソフトウェアは動きませんが、WebブラウザのChromeやFirefox、オフィススイートのLibreOffice、グラフィックソフトのGIMPなど、WindowsでおなじみのソフトウェアはLinux版も提供されています。

02-02 カーネル

ハードウェアやシステム上で動作するプログラムを管理する、OSの中核プログラムがカーネルです（**図11**）。

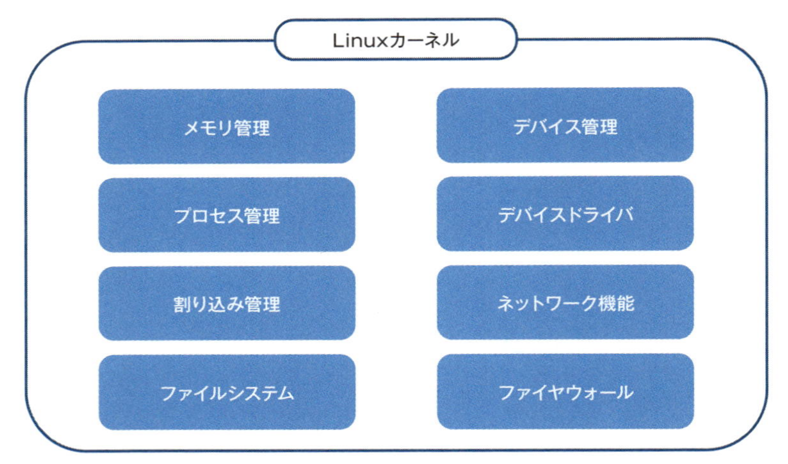

図11：カーネル

カーネルのバージョンは「4.3.6」のように、3つの数字で表されます。さまざまな新機能が追加されたときには、「4.2」から「4.3」のように2つめの数字が上がります。「4.3」に対して不具合の修正を行うと、バージョンは「4.3.1」「4.3.2」のようになります。

カーネルには、リーナス氏がリリースするmainline、安定版のstable、長期サポート版のlongtermなど、いくつかの種類があります。ディストリビューションに組み込まれているカーネルは、ディストリビューターが選択したカーネルに、さらに改修を加えたものです。通常はディストリビューターが提供するカーネルを利用することになります。

参考 Linuxカーネルは、kernel.orgで公開されています。ダウンロードして自己責任で使うことはできますが、商用ディストリビューションではサポート範囲外になるので注意してください。

02-03 主なサーバーソフトウェア

Linuxディストリビューションには、さまざまなサーバーソフトウェアが標準で用意されています。ディストリビューションによって採用されているソフトウェアに多少の差異はありますが、ここでは代表的なサーバーソフトウェアを見ておきましょう。

Apache（アパッチ） HTTP Server

Webサーバーのシェアとしては長らく世界一を誇ってきたもっとも普及しているWebサーバーソフトウェアです。Apacheはさまざまなソフトウェアを開発しているプロジェクトですが、その中でもApache HTTP Serverがもっとも有名なため、Apache HTTP Serverを指してApacheと呼ばれることも多いです。

nginx

エンジンエックスと読みます。大量の接続があるWebサイトでは、Apacheよりもパフォーマンスがよく、大量の処理を軽快にこなします。リバースプロキシ*7としても使われます。

＊7 大量のアクセスをWebサーバーに代わって受け付け、Webサーバーの負荷を減らすサーバーがリバースプロキシです。

Postfix

ポストフィックス

Linuxで標準的に使われているメールサーバーです。CentOSにも採用され、標準的に稼働しています。かつての標準メールサーバーはSendmailでしたが、設定がとても煩雑でした。Postfixでは設定がやりやすくなっています。

Dovecot

ダブコット

メールサーバーに届いたメールをダウンロードするため、メールクライアントが接続する先がPOPサーバーです。また、IMAPというプロトコルを使えば、メールをメールサーバーに置いたままメールの送受信ができます。DovecotはPOPおよびIMAPに対応したメールサーバーです。

BIND

バインド

ホスト名・ドメイン名とIPアドレスの対応付けを行うDNSサービスを提供するのがDNSサーバーです。BINDはもっとも広く使われているDNSサーバーです。

Samba

サンバ

Windowsのファイルサーバー機能やActive Directoryのドメインコントローラーを実現するサーバーです。Sambaを導入すると、LinuxサーバーをWindowsサーバーの代替として使うことができます。

Squid

スキッド

社内から社外へWebアクセスするとき、社内のクライアントに代わってWebサーバーへ代理でアクセスするのがプロキシサーバーです。Webアクセスを高速化したり、特定のWebサイトへの接続を制限したりすることができます。プロキシサーバーとしてもっとも有名なものがSquidです。

2

仮想サーバーを用意しよう

この章では、学習用に仮想Linuxサーバーをクラウドサービス上に用意する方法を見ていきます。パソコン上にインストールするよりも手軽で、インターネットに接続できる環境があればどこでも学習できます。その反面、セキュリティに十分配慮する必要もあります。

01 学習環境を用意しよう

01-01 VPSとローカルの仮想サーバー

Linuxの学習をするために専用のパソコンを用意してLinuxをインストールする、というのは昔の話になりました。今は仮想環境でLinuxを用意するのが一般的でしょう。仮想のLinuxサーバーを用意する場合、パソコン上（ローカル）に用意する方法と、インターネット上のサーバーを借りる方法があります。インターネット上のサーバーを借りる場合も、いくつかの方法があります。

レンタルサーバーを借りる

事業者が用意したサーバーを借りるのがレンタルサーバーです。1台の物理的なサーバーを丸ごと借りる方法（専用サーバー）と、何人かで共用する方法（共用サーバー）があります。専用サーバーはLinuxサーバー1台を自由に扱えますが、比較的高価格で、セキュリティに配慮し責任を持って管理する必要があります。共用サーバーはそれよりも低価格ですが、自由度が低くなり、できることが制限されます。

VPSを借りる

専用サーバーと共用サーバーの良いとこ取りをしたものがVPS（Virtual Private Server）です（**図1**）。仮想化ソフトウェアを使って仮想的なサーバーを用意し、それを借りる方法です。利用者にとっては、専用サーバーを借りているのと同様の自由度がありますが、物理的なサーバーを占有するわけではないので、価格は専用サーバーを借りるよりも安くなります。

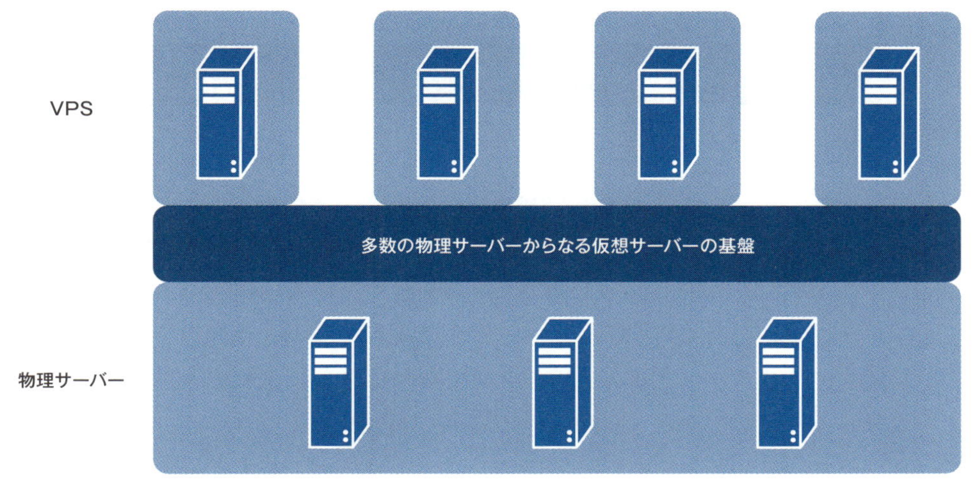

図1：VPSのイメージ

VPSはあくまでソフトウェア的に作り出されたサーバーですが、使い勝手は実際のサーバーと変わりありません。

本書ではVPSを使ってサーバー構築の流れを見ていきますが、VPSへアクセスするためインターネット接続できる環境が必要です。インターネットへ接続できない環境で学習をしたい場合は、付録に書いてある方法で、ローカルに仮想マシンを用意し、ローカル環境で学習を進めてください。

01-02 さくらのVPS

VPSを提供している会社はたくさんありますが、ここでは価格やスペックが手頃でユーザー数も多い、さくらインターネットのVPSを取り上げます。いくつかのプランがありますが、本書ではメモリ1GBのプランを選択するものとします（**表1**）*1。

＊1　メモリ512MBのプランでは本書の内容の一部が実行できません。

表1：執筆時点でのさくらのVPSのプラン（一部抜粋）

プラン	月額（税込み）	初期費用	メモリ	SSD容量（括弧内はHDDの場合）
512	685円	1,080円	512MB	20GB
1G	972円	1,620円	1GB	30GB（100GB）
2G	1,706円	2,160円	2GB	50GB（200GB）

さくらのVPSは、申し込みから2週間にわたって「お試し」利用ができます。お試し期間終了時にキャンセルせずにいると、そのまま自動的に本契約となります。本書の内容は2週間あれば十分に試せると思います。引き続き利用するかどうかは、その時点で判断してください。

なお、申し込みにあたってはクレジットカードが必要になります。銀行振り込み等では「お試し」利用ができませんので注意してください。

01-03 VPSに申し込む

まず、http://vps.sakura.ad.jp/ にアクセスします（**図2**）。

図2：さくらのVPSトップページ

「はじめてのVPSなら」の1Gの欄にある「2週間無料でお試し」をクリックすると、**図3**の画面になります。

図3：はじめての利用か利用中か

はじめての利用か利用中（会員IDを持っている）かを選択すると、VPSのプランを選択できる画面になります（**図4**）。

図4：
さくらのVPSプラン選択

プランは「1G」を、リージョンは石狩、東京いずれか近い方を（どちらでもかまいません）、ストレージは「SSD 30GB」「HDD 100GB」のいずれかを選択します。最後に「カートに入れる」をクリックします。さくらのVPSカート内容確認画面になりますので（**図5**）、内容を確認し、下の方にある「お支払い情報の入力」ボタンを押します。

図5：さくらのVPSカート内容確認

次の画面では「新規会員登録へ進む」をクリックしてください（**図6**）。

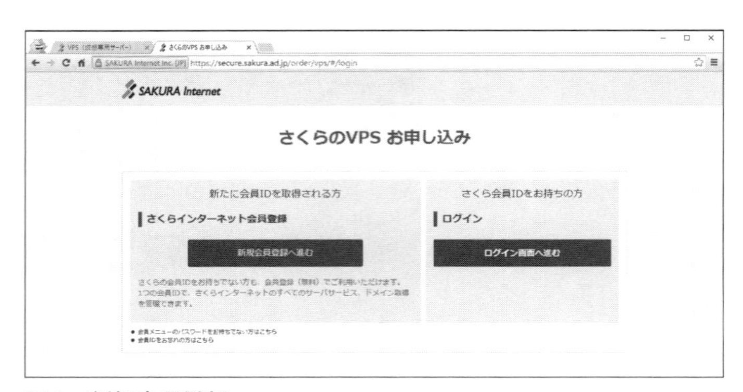

図6：新規会員登録

図7の会員情報の登録画面になります。情報を入力し、個人情報保護ポリシーを確認したあと、「個人情報の取扱いについて同意する」にチェックを入れて確認画面へ進みます。

入力内容を確認し、問題がなければ「会員登録をする」をクリックします（**図8**）。

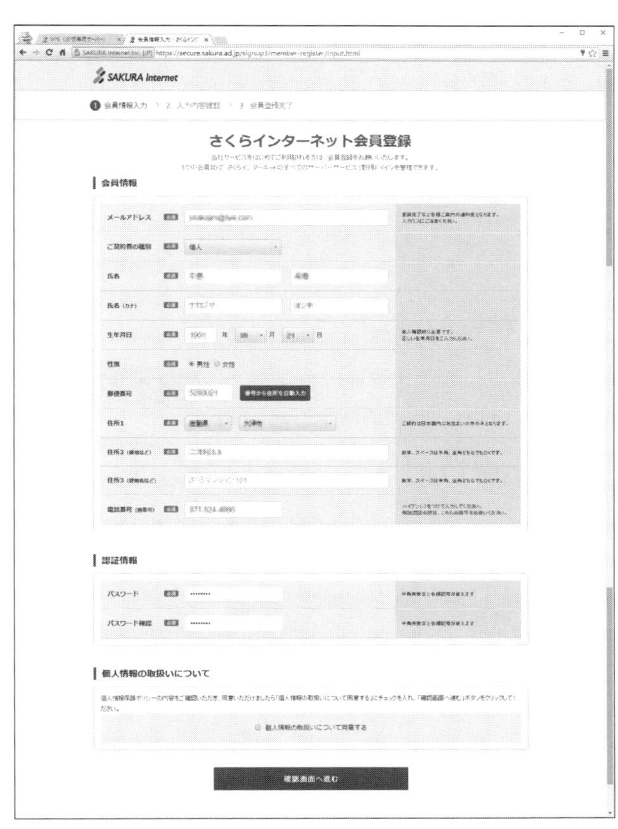

図7：さくらインターネット会員登録

図8：確認画面

会員登録情報がメールで送られてきます。**図9**の画面の下の方にある「専用サーバお申し込みページへ進む」をクリックします。

図9：さくらのVPS お支払い選択画面

毎月払いもしくは年間一括払いを選択し、クレジットカード情報を入力します。クレジットカード払いでないと「無料お試し」が利用できないので注意してください。

最終の確認画面が出てくるので、内容を確認した上で「お申し込みをする」ボタンをクリックすると申し込みが完了します。しばらくすると、サーバーの利用開始に必要な情報が記載されたメールが送られてきます。メールには、サーバーのIPアドレスや初期パスワード、VPSコントロールパネルにログインするためのパスワードが記載されています。このメールは大切に保管してください。

以上の手順は本書執筆時点のものであり、変更されることがあります。そのときは本書の指定にもっとも近いプラン等を選択するようにしてください。

02 CentOS 7の インストール

02-01 インストールの手順

さくらのVPSのデフォルトOSはCentOS 6となっています。本書執筆時の最新のCentOSのバージョンは7.5で、CentOS 6がリリースされたのは2012年です。少し古いですが、実運用上はまったく問題ありませんし、現在でも多数のCentOS 6サーバーが世界中で稼働しています。ただ、本書で扱うDockerなどの機能を使うにはCentOS 7が必要となりますので、本書ではCentOS 7をインストールすることとします。また、あらかじめ「カスタムOSインストールガイド」を一読しておくと、VPSへの一般的なOSインストールの手順が把握できます。

▼カスタムOSインストールガイド - CentOS7 / ScientificLinux7
URL https://help.sakura.ad.jp/hc/ja/articles/206055602-カスタムOSインストールガイド-CentOS7-ScientificLinux7-Fedora-28

申込時のメールに記載されたURLにアクセスし、IPアドレス（もしくは会員ID）とパスワードを入力すると、VPSコントロールパネルにログインできます（**図10**）。

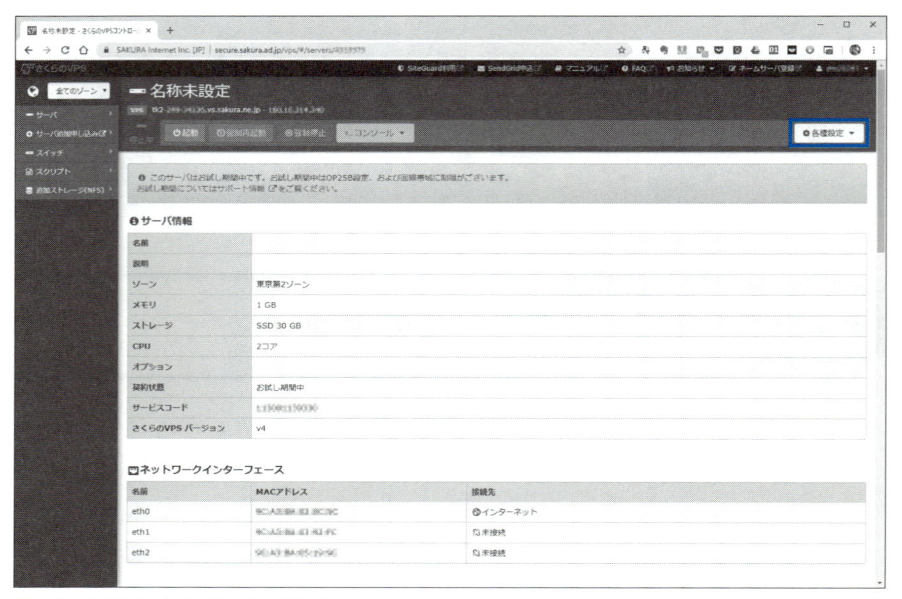

図10：VPSコントロールパネル

この画面でサーバーに関する各種情報が確認できるほか、サーバーを起動したり、強制停止したり、コマンド操作をするためにサーバーに接続したり、新しくOSをインストールし直したりすることができます。

デフォルトの状態ではCentOS 6がインストールされていて、「起動」ボタンをクリックするとCentOS 6が起動します。本書ではCentOS 7を使いたいので、さっそくインストール作業を行いましょう。

右上の方に「各種設定」というプルダウンメニューがあるので、その中から「OSインストール」を選択します。するとOSインストールの画面に進みますので、「OSインストール形式の選択」で「カスタムOS」を選択します。その下の「インストールするOSを選んでください」から「CentOS 7 x86_64」を選択します（**図11**）。最後に「設定内容を確認する」ボタンをクリックすると、確認ウィンドウが表示されます（**図12**）。

OSインストール形式の選択

OSをインストールする形式を選んでください。

標準OS
ご契約されたプランの標準OSを再インストールします。

カスタムOS
任意のOSを選択し、OSのインストーラを利用してマニュアルでインストールを行います。

ISOイメージ
アップロードしたISOイメージから仮想サーバを起動してインストールを行います。

カスタムOSインストール

任意のOSを選択し、OSのインストーラを利用してマニュアルでインストールを行います。

▲必要なデータは**必ず事前にバックアップ**を行ってください。

カスタムOSインストールでは、パスワード、パーティションなども全てお客様ご自身での設定となります。標準の構成に戻したい場合は

インストールOS

CentOS 7 x86_64

設定内容を確認する

図11：インストールOSの選択

確認 - カスタムOSインストール

『インストールを実行する』ボタンをクリックすると、以下の内容でカスタムOSインストールが開始されます。

▲必要なデータは**必ず事前にバックアップ**を行ってください。

カスタムOSインストールでは、パスワード、パーティションなども全てお客様ご自身での設定となります。標準の構成に戻したい場合は**標準OSインストール**をご利用ください。

インストールOS

CentOS 7 x86_64

修正する　インストールを実行する

図12：インストールOSの確認

確認画面が出ますので、「インストールを実行する」をクリックします。しばらくすると「カスタムインストールを開始しました。VNCコンソールを起動してインストール作業を行ってください。」というポップアップが表示されますので「VNCコンソールを起動」をクリックします（**図13**）。

VNCコンソールとは、サーバーのコンソール画面（コマンド操作用の端末）を仮想的に再現する仕組みです。

カスタムインストールを開始しました。VNCコンソールを起動してインストール作業を行ってください。
VNCコンソールを起動

図13：VNCコンソールを起動

注意　Webブラウザの種類やバージョン、設定によってはVNCコンソールが正常に起動しなかったり操作できなかったりすることがあります。その場合はVNCコンソールを閉じて、別のブラウザで試してみてください。また、操作中に固まった場合は、そのまま何分か様子を見て、状況が変わらなければVNCコンソールを閉じてから再度試してください。

VNCコンソール画面が別ウィンドウで起動します*2。**図14**のような画面になっているはずです。

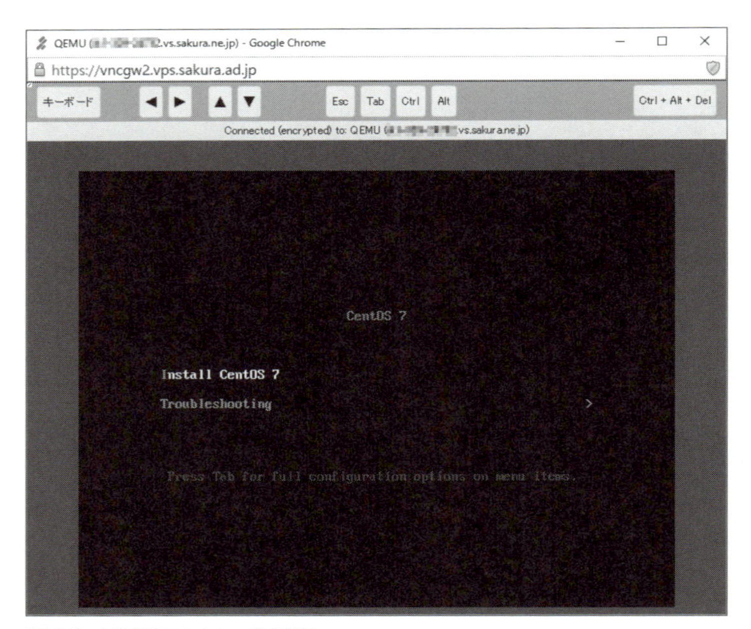

図14：VNCコンソール画面

*2　VNCコンソールのウィンドウサイズは適当に調整してください。

Enterキーを押すとインストールが開始されます。しばらくするとGUIのINSTALLATION SUMMARY画面が表示されます（**図15**）。

あらかじめデフォルトの設定がなされていますが、インストール先ストレージが設定されていません。左下にある「INSTALLATION DESTINATION」をクリックしてストレージの設定画面に移動します（**図16**）。

いちばん上の枠内にある「Virtio Block Device」をクリックして選択状態になったのを確認してから、左上の「Done」ボタンをクリックします。

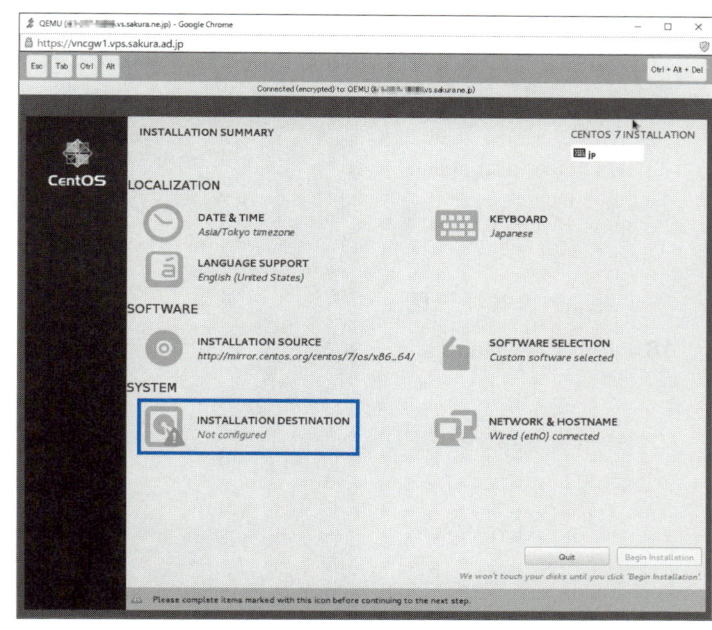

図15：INSTALLATION SUMMARY画面

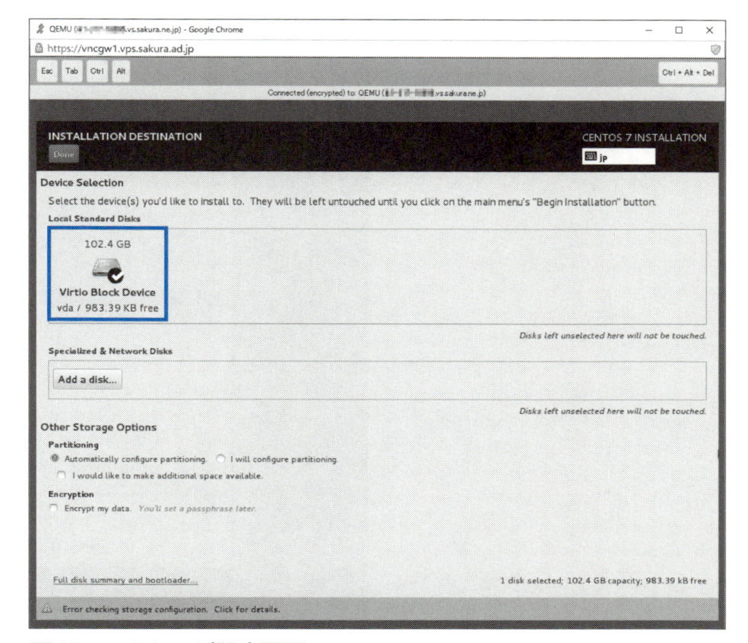

図16：ストレージ設定画面

すると、**図17**のようなポップアップが表示されるはずです。

右下の「Reclaim space」をクリックします。現在のパーティション構成が表示されます（**図18**）。右下の「Delete all」ボタンをクリックし、次に「Reclaim space」ボタンを押します。すると、元のINSTALLATION SUMMARY画面に戻ります（**図19**）*3。

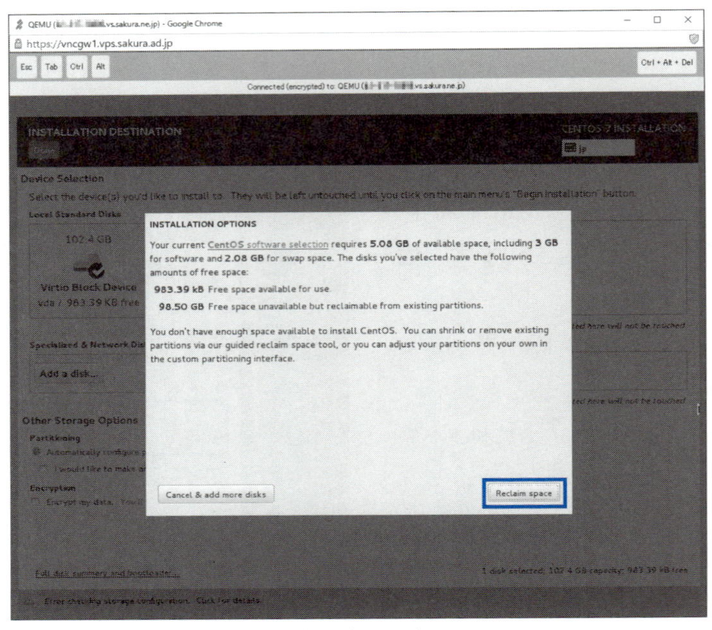

図17：ディスクスペースのポップアップ

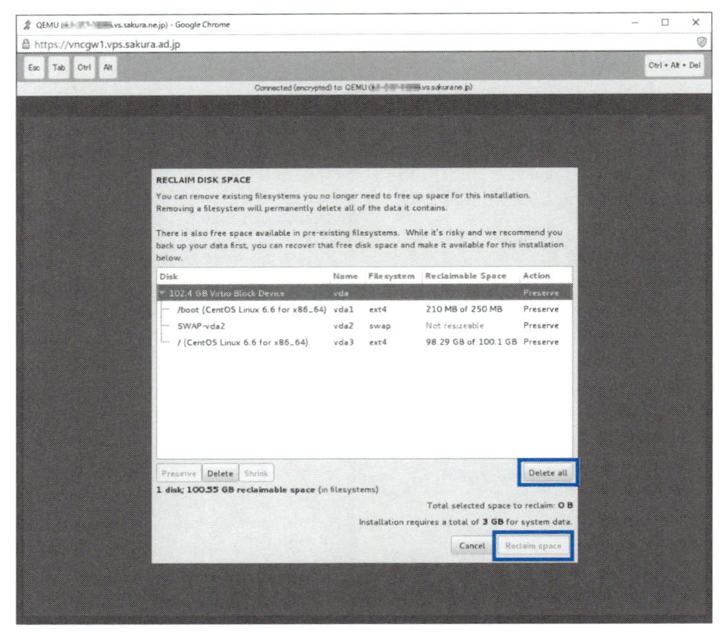

図18：デフォルトのパーティション構成

*3　黄色い「！」マークは消えているはずです。

今度は、言語に日本語を追加しておきましょう。「LANGUAGE SUPPORT」をクリックするとLANGUAGE SUPPORT画面になります。

図20のように、左側のボックスで日本語を選択し、右側のボックスで「日本語（日本）」を選択します。左上の「Done」をクリックすると、INSTALLATION SUMMARY画面に戻ります。

これで準備完了です。INSTALLATION SUMMARY画面の右下の「Begin Installation」ボタンをクリックするとインストールが始まります。

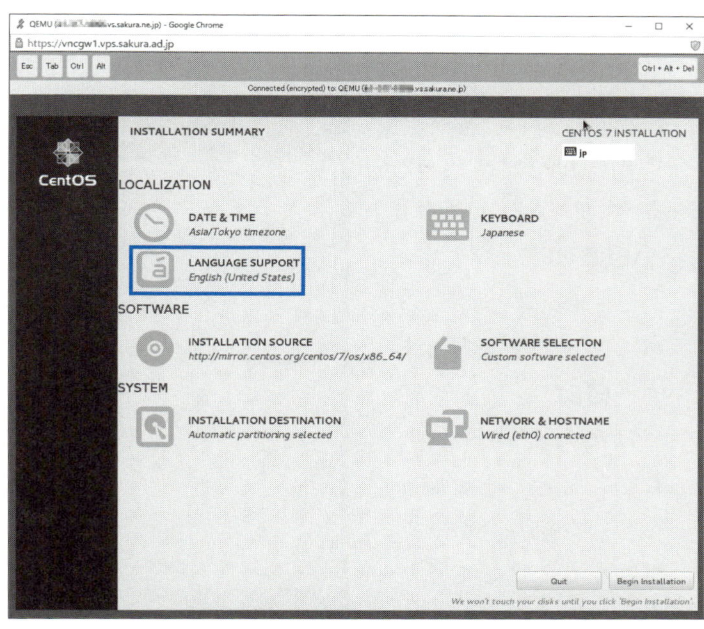

図19：INSTALLATION SUMMARY画面

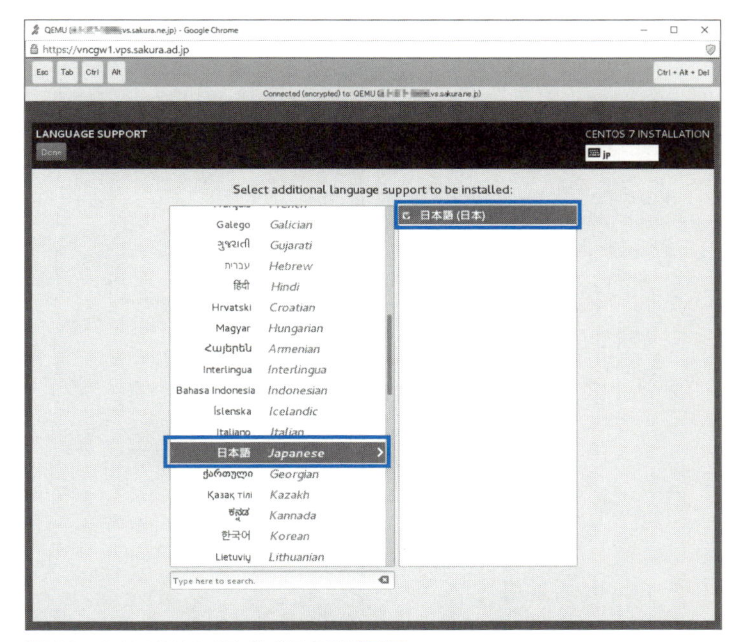

図20：LANGUAGE SUPPORT画面

インストール中にrootユーザーのパスワード設定と一般ユーザーの作成を行います。まず左側の「ROOT PASSWORD」をクリックし、rootユーザーのパスワードを入力します（**図21**）。パスワードは英大文字小文字、数字、記号（-+=/#$%など）を組み合わせた複雑なものにしてください*4。

次に、作業をするための一般ユーザーの作成も行いましょう。ここではユーザー名を「centuser」としています（**図22**）。ユーザー名は何でもかまいませんが、英小文字のみがよいでしょう。最後に左上のDoneをクリックします。

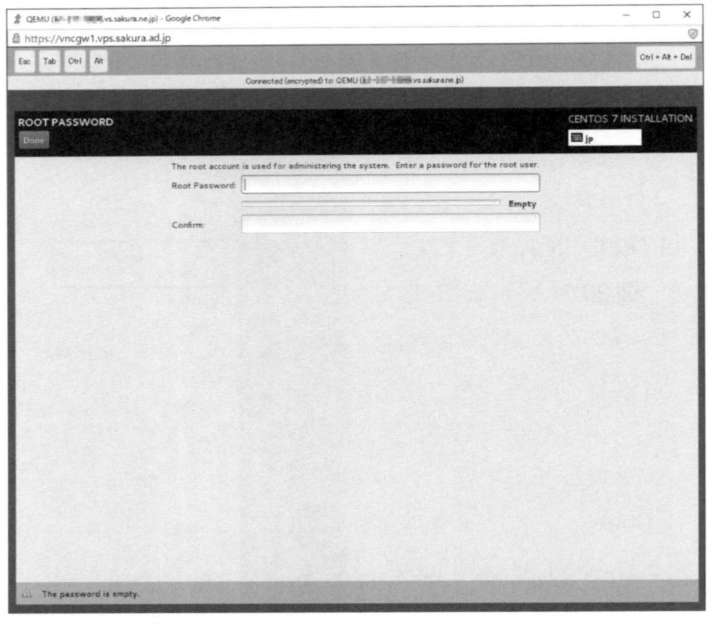

図21：rootパスワードの設定

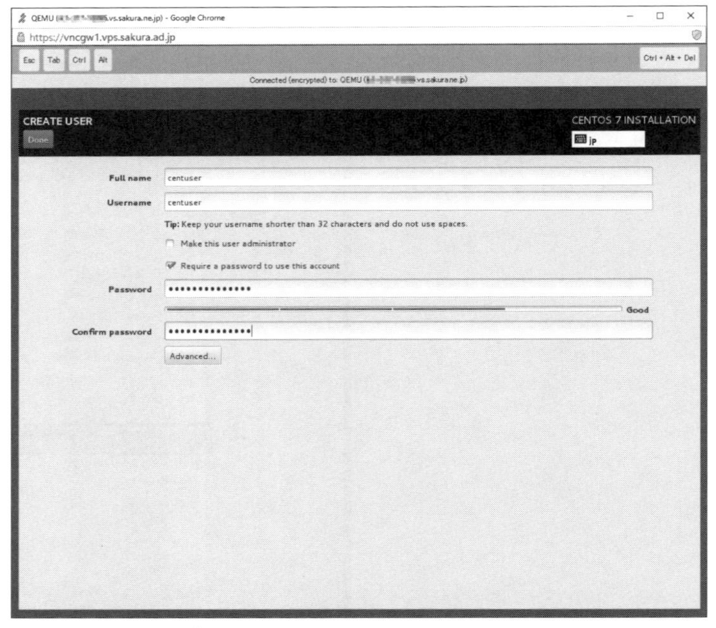

図22：一般ユーザーの作成

＊4　単純なパスワードは認められませんが、その場合でも「Done」を2回押すと強制的に設定できます（もちろん、これはおすすめできません）。

後はインストールが完了するまでお待ちください。インストールには2時間以上かかることがあります。インストールが完了すると、VPSは自動的に終了します。仮想コンソールのウィンドウを閉じてください。

参考 Linuxでは、ユーザー名もパスワードも（ファイル名なども）大文字と小文字が区別されます。また、WindowsのAdministratorに相当する管理者ユーザーは「root」ユーザーです。どんなLinuxサーバーにもrootユーザーは存在します。

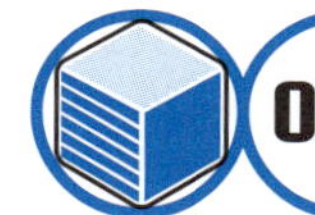

02-02 VNCコンソール

インストールが終わったら、サーバーにログインしてみましょう。VPSコントロールパネル左上の「起動」ボタンを押してVPSを起動し、次に「コンソール」メニューから「VNCコンソール」を選択します（**図23**）。

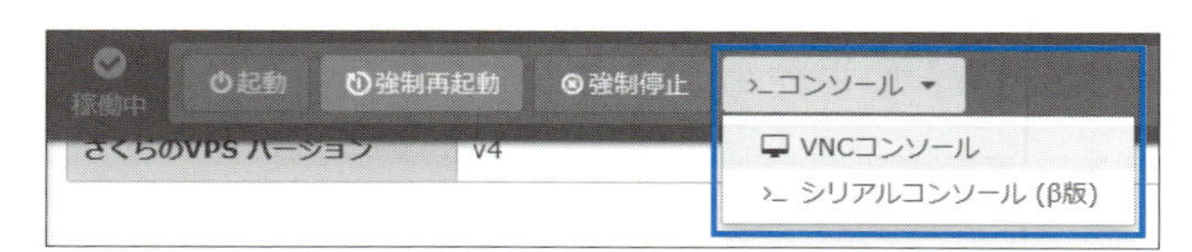

図23：VNCコンソール

参考 VNCとは、コンピューターの画面を仮想的に別のコンピューターに転送し、操作できるようにする仕組みです。Linuxマシンに直接接続された入出力装置をコンソールといいますが、そのコンソールをWebブラウザ上に再現するのがVNCコンソールです。

しばらくすると、VNCコンソールのウィンドウが開き、**図24**のようなログイン画面が出てくるはずです。インストール時に作成した一般ユーザーでログインしてみてください*5。

*5 rootユーザーではログインしないでください。一般的なLinuxサーバーでは、セキュリティ上の理由からrootユーザーでのログインができないようにされています。

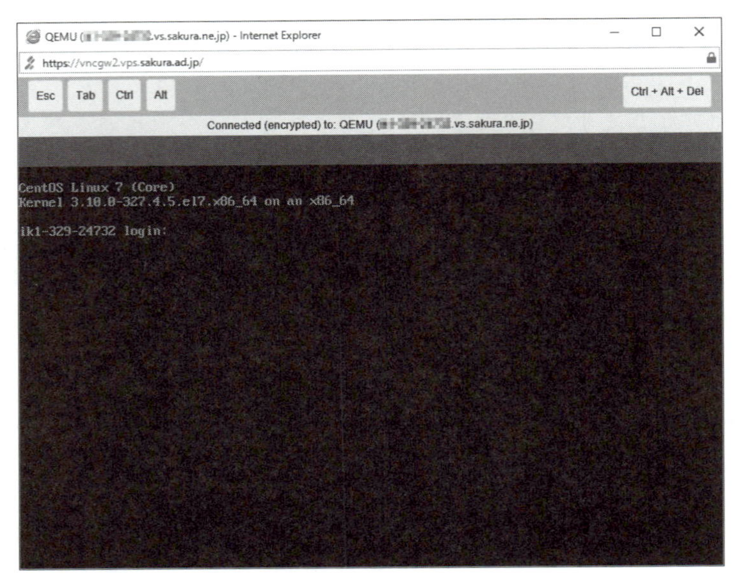

図24：VNCコンソール上のログイン画面

02-03 SSHの準備

SSHは、クライアントPCとサーバーの間で安全な通信を行うための仕組みです。経路上の通信が暗号化されるので、万が一通信が盗聴されたとしても安全性が保たれます。

SSHの概要を以下に示します（**図25**）。接続先のサーバー側でSSHサーバーサービスが動作していて、クライアントからの接続を待ち受けています。SSHクライアントで接続すると、ネットワーク経由でLinuxサーバーにログインし、コマンドによる作業を実施できます。

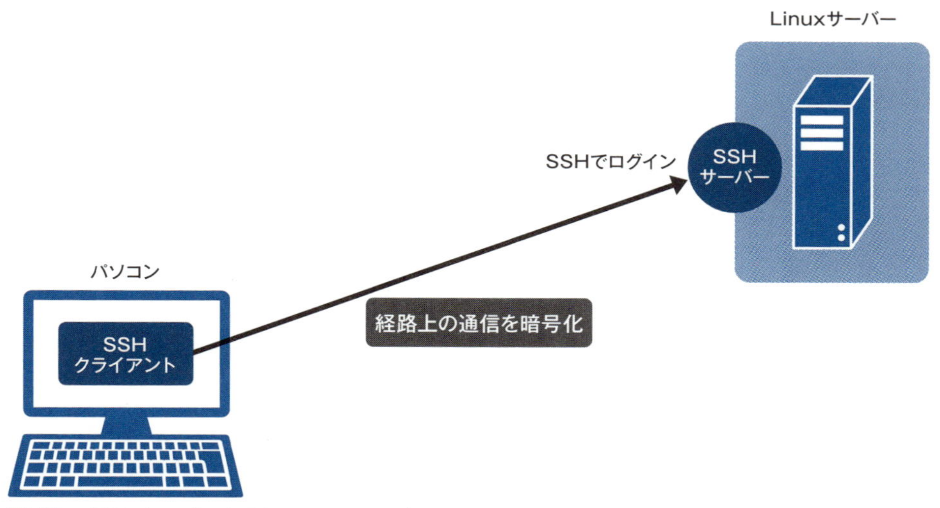

図25：SSHサーバーとSSHクライアント

SSHサーバーとSSHクライアントの間の通信は自動的に暗号化されます。また、SSHで接続する際には、接続先サーバーが本物かどうか（偽サーバーに誘導されていないか）をチェックする機能もあります。SSHは、安全にLinuxサーバーをリモート管理するのに必須のソフトウェアです。

参考　離れた場所のコンピューターをネットワーク経由で管理することをリモート管理といいます。

Linuxサーバーには通常、SSHソフトウェアが用意されています。また、OS XにもSSHクライアントが標準で用意されています。Windowsの場合は、SSHクライアントソフトウェアを入手してインストールする必要があります。

Linuxサーバーのデフォルトのsshサーバー設定では、安全性に不安があります。まずはSSHサーバーの設定を変更し、安全性を高めてから学習を始めることにしましょう。ここからは作業にroot権限が必要なので、suコマンドでrootユーザーに切り替えましょう。

rootユーザーに切り替える

```
$ su -
Password: ●──── rootユーザーのパスワードを入力
Last login: Sun Jan 10 01:06:23 JST 2016 on tty1
```

設定ファイルを編集するためのエディタソフトウェアをインストールします。一般的にはviエディタ（Vim）を使うことが多いのですが、操作に慣れが必要なので、ここでは操作が簡単なnanoエディタを利用することにします（**図26**）。次のコマンドを実行し、nanoエディタをインストールします。

nanoエディタをインストール

```
# yum -y install nano
```

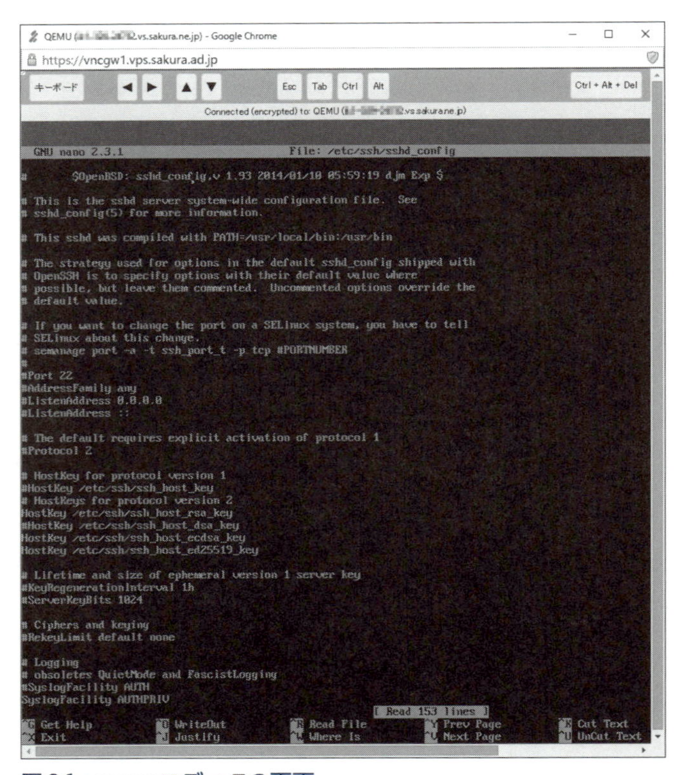

図26：nanoエディタの画面

02-04 SSHの設定を変更

それでは、SSHサーバーの設定ファイル/etc/ssh/sshd_configを変更します。

nanoエディタで/etc/ssh/sshd_configファイルを開く

```
# nano /etc/ssh/sshd_config
```

設定ファイルの変更箇所は2カ所です。行頭の「#」を削除するのを忘れないようにしてください。「10022」の部分は、SSHの待ち受けポート番号です。デフォルトの22番では攻撃を受けやすいので、別の番号に変更します（10022以外でもかまいませんが、1024以降で、アプリケーションが割り当てられていないポートにしてください）*6。49行目は、rootユーザーでのログインを禁止する設定です（**表2**）。

表2：/etc/ssh/sshd_configファイルの変更箇所

変更箇所	変更前	変更後
17行目	#Port 22	Port 10022
38行目	#PermitRootLogin yes	PermitRootLogin no

編集後は、Ctrl+O（ファイルを保存）、Enter（保存を実行）、Ctrl+X（nanoエディタを終了）の順に操作してください。nanoエディタの簡単な使い方を**表3**にまとめておきます。

＊6　IANAによるポート番号一覧は、http://www.iana.org/assignments/service-names-port-numbers/service-names-port-numbers.xhtml で調べることができます。

表3：nanoエディタの主な操作

キー操作	説明
Ctrl＋G	ヘルプを表示する
Ctrl＋O	変更を保存する
Ctrl＋R	ファイルを読み込んでカーソル位置に挿入する
Ctrl＋Y	前のページに移動する
Ctrl＋V	次のページに移動する
Ctrl＋A	カーソルのある行の先頭に移動する
Ctrl＋E	カーソルのある行の末尾に移動する
Ctrl＋K	カーソルのある行をカットする
Ctrl＋U	カット（コピー）した文字列を貼り付ける
Ctrl＋C	現在のカーソル位置を表示する
Ctrl＋W	文字列を検索する
Ctrl＋L	画面をリフレッシュ（再描画）する
Ctrl＋X	nanoエディタを終了する
Alt＋^	カーソルのある行をコピーする

02-05 SELinuxとファイヤウォールの変更

続いて、SELinuxの設定を変更します。SELinuxは、不正侵入を受けた際の被害を食い止めるためのセキュリティ機構です。最初に、SELinuxの設定変更コマンドをインストールします。

policycoreutils-pythonのインストール

```
# yum -y install policycoreutils-python
```

先ほど設定したSSHのポート番号が許可されるよう設定を追加します。

SELinuxで10022番ポートを許可

```
# semanage port -a -t ssh_port_t -p tcp 10022
```

変更できたか次のコマンドで確認しましょう*7。

SELinuxの設定を確認

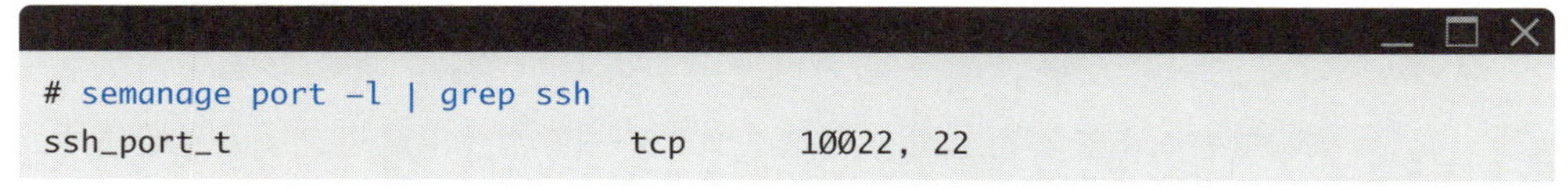

```
# semanage port -l | grep ssh
ssh_port_t                     tcp      10022, 22
```

指定した番号が追加されていればOKです。次にファイヤウォールの設定を変更し、10022番ポートからのアクセスを通過させるようにします。まず、ファイヤウォールのSSH設定ファイルを、ひな形からコピーします。

ファイヤウォールのSSH設定ファイルをコピー

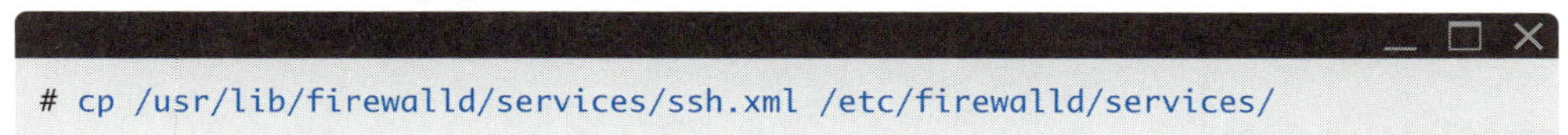

```
# cp /usr/lib/firewalld/services/ssh.xml /etc/firewalld/services/
```

nanoエディタで/etc/firewalld/services/ssh.xmlファイルを開きます。

/etc/firewalld/services/ssh.xmlファイルをnanoエディタで開く

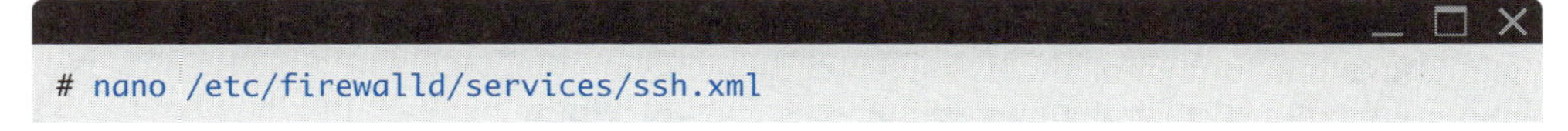

```
# nano /etc/firewalld/services/ssh.xml
```

下から2行目にポート番号が書かれた箇所があるので、「22」を「10022」に変更します（**リスト1**）。

リスト1：変更後の/etc/firewalld/services/ssh.xml

```
<?xml version="1.0" encoding="utf-8"?>
<service>
  <short>SSH</short>
  <description>Secure Shell (SSH) is a protocol for logging into and executin⏎
g commands on remote machines. It provides secure encrypted communications. I⏎
f you plan on accessing your machine remotely via SSH over a firewalled inter⏎
face, enable this option. You need the openssh-server package installed for t⏎
```

＊7　中央の「|」は縦棒記号（パイプ）です。詳しくはP.54を参照してください。

```
his option to be useful.</description>
  <port protocol="tcp" port="10022"/>
</service>
```

この行の「22」という数値を「10022」に書き換えた

次のコマンドを実行して、ファイヤウォールの設定変更を反映させます。

ファイヤウォールの設定変更を反映

```
# firewall-cmd --reload
```

最後に、SSHサーバーを再起動して、最初に行ったSSHサーバーの設定変更を反映させます。

SSHサーバーを再起動

```
# systemctl restart sshd.service
```

02-06 SSHクライアントの準備

VPSのサーバー側の準備は整いました。次は、SSHサーバーにアクセスするためのクライアントソフトウェアを準備しましょう。Macを使っている方は、デフォルトでsshコマンドが用意されていますので、そのままでかまいません。Windows用のSSHクライアントソフトウェアにはいくつか種類がありますが、ここではTera Termを取り上げます（**図27**）。Tera Termは次のサイトからダウンロードできます。

▼Tera Term（テラターム）プロジェクト
URL https://osdn.jp/projects/ttssh2/

図27：Tera Termプロジェクト日本語トップページ

2016年2月現在、最新版はバージョン4.89です。ダウンロード欄にある「teraterm-4.89.exe」をクリックするとダウンロードページに移動するので、インストーラー版（teraterm-4.89.exe）をクリックしてダウンロードします。ダウンロードしたファイルのアイコンを右クリックして「管理者として実行」を選ぶとインストールが始まります。基本的にはデフォルト設定のまま進めてよいのですが、日本語にしたい場合は言語の選択画面で「日本語」を選択します（**図28**）。

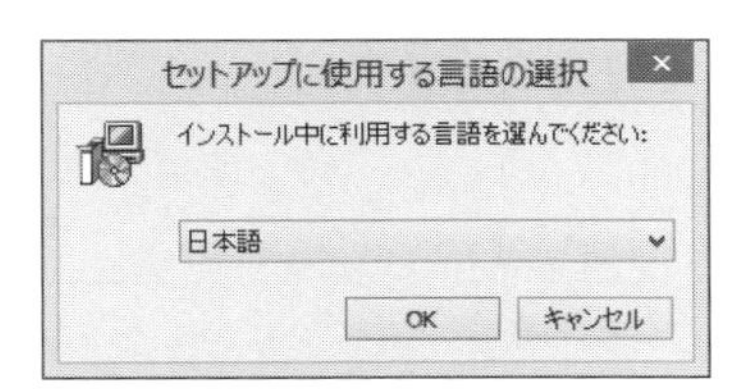

図28：メニューを日本語にする

Tera Termのインストールが完了すると、Tera Termが起動し、「新しい接続」というウィンドウが表示されます（**図29**）。

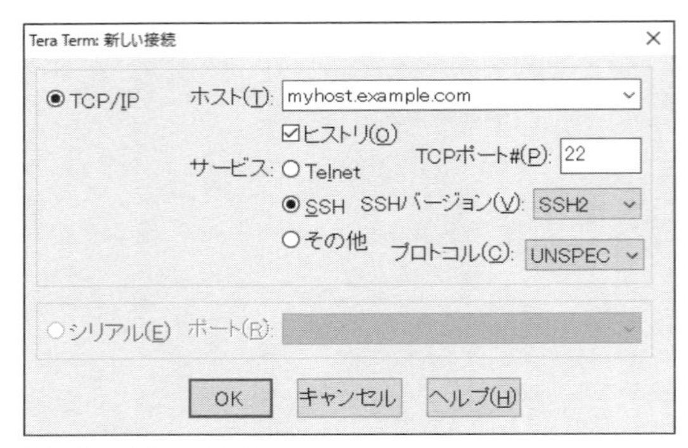

図29：新しい接続

ホスト欄にVPSのIPアドレスを指定し「OK」ボタンをクリックすると、接続が開始されます。はじめて接続するときは次のような「セキュリティ警告」ウィンドウが表示されます（**図30**）。SSHは接続先ホストが本物かどうかを認証する機能がありますが、初回接続時はそのための情報が存在しないため、警告が表示されるのです。下部にある「このホストをknown hostsリストに追加する」にチェックが入っている場合は、次回からこの画面は表示されなくなるはずです*8。「続行」ボタンを押して次に進みます。

＊8　初回接続ではないのにセキュリティ警告画面が出たら、偽のサーバーへ誘導されている可能性があります。

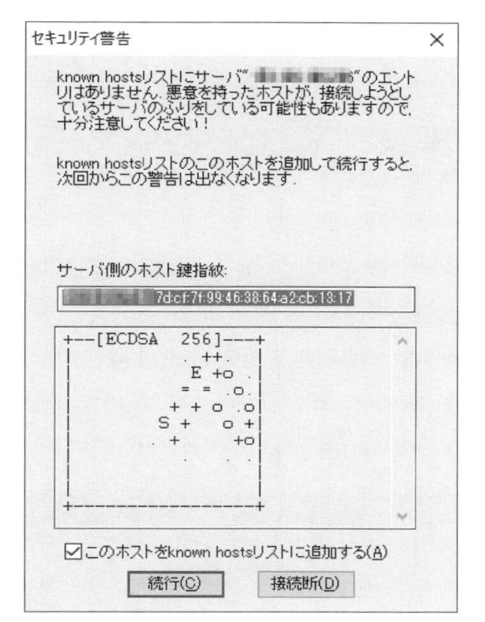

図30：SSH認証

今度はログインするユーザー名とパスワードを入力します。インストール時に作成したユーザー名とパスワードを入力して「OK」ボタンをクリックすると、VPSにログインできます（**図31**）。

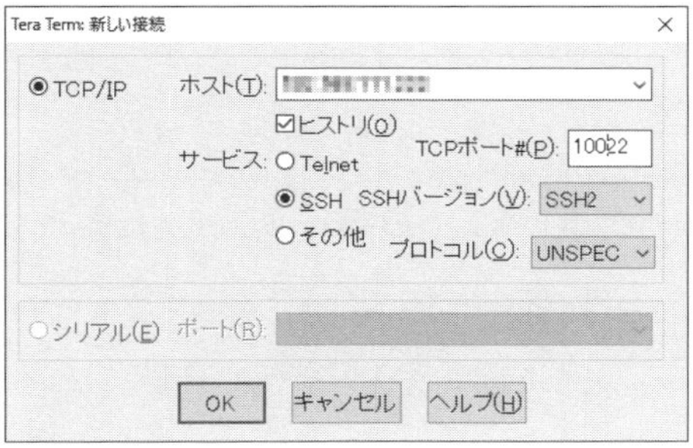

図31：ログイン

作業が終了したらexitコマンドを実行することでログアウトします（ウィンドウが自動的に閉じられます）。Tera Termのウィンドウを閉じてもログアウトするわけではありません。

ログアウト

```
$ exit
```

Mac（OS X）の場合は、ターミナルで「ssh -p ポート番号 ユーザー名@IPアドレス」コマンドを実行すれば、VPSへアクセスできます。例えば、SSHのポート番号が10022番、ユーザー名がcentuser、IPアドレスが172.16.0.10であれば、

sshコマンドによる接続

```
$ ssh -p 10022 centuser@172.16.0.10
```

となります。初回接続時は確認メッセージが表示されますので「yes」と入力します（❶）。続いてパスワードを入力し、ログインしてください（❷）。

OS XでのSSH接続

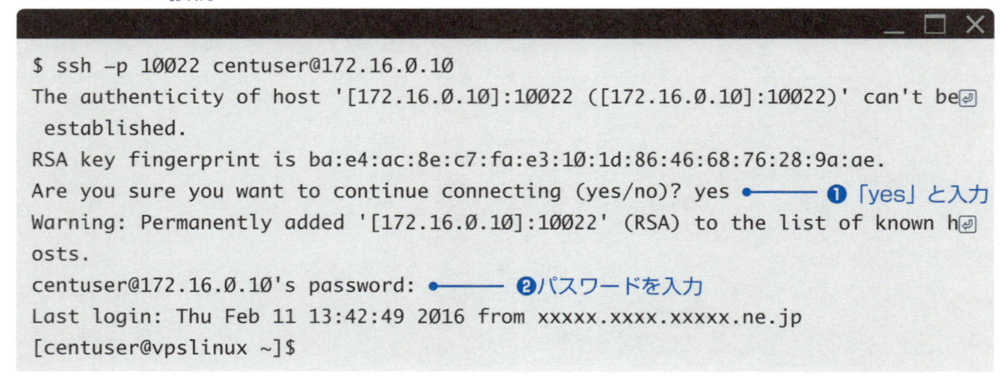

```
$ ssh -p 10022 centuser@172.16.0.10
The authenticity of host '[172.16.0.10]:10022 ([172.16.0.10]:10022)' can't be
 established.
RSA key fingerprint is ba:e4:ac:8e:c7:fa:e3:10:1d:86:46:68:76:28:9a:ae.
Are you sure you want to continue connecting (yes/no)? yes
Warning: Permanently added '[172.16.0.10]:10022' (RSA) to the list of known h
osts.
centuser@172.16.0.10's password:
Last login: Thu Feb 11 13:42:49 2016 from xxxxx.xxxx.xxxxx.ne.jp
[centuser@vpslinux ~]$
```

3

基本的なコマンドを覚えよう

この章では、Linuxを操作するための基本的なコマンドを紹介します。コマンド操作に慣れている方は、斜め読みで飛ばして次の章に進んでください。

01 コマンド操作の基本

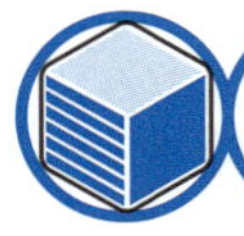

01-01 シェルとコマンド

Linuxではコマンド操作が基本です。コマンドの実体はプログラムです。コマンドを入力してEnterキーを押すと、該当するコマンドが実行されます。コマンドを受け付けて実行するソフトウェアをシェルといいます（**図1**）。

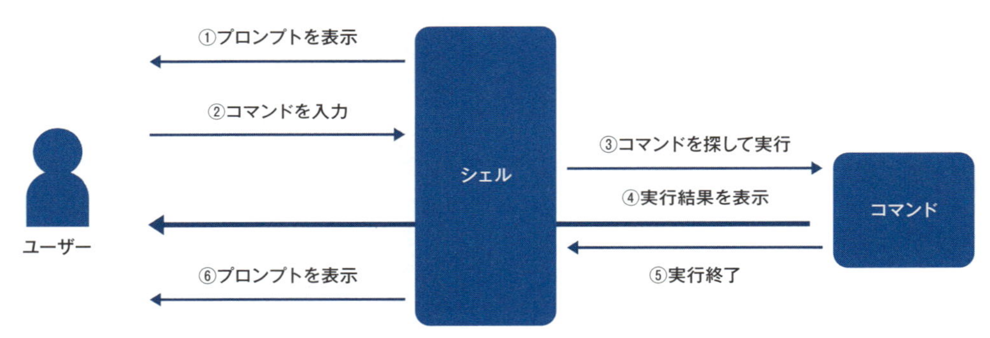

図1：シェル

シェルにはいろいろな種類がありますが（**表1**）、もっとも広く使われているのがbashです。CentOSでもbashが標準シェルです。

表1：シェルの種類

シェル	説明
sh	Bourneシェル。UNIX系OSで古くから使われているシンプルなシェル。機能は少ない
bash	Bourneシェルを大幅に改良したシェル（Bourne Again SHell）。多くのディストリビューションで標準となっている
csh	BSD系UNIXで使われてきたシェル。sh系とはスクリプトが異なっている
tcsh	cshを改良したシェル

シェル	説明
ksh	Bourneシェルを拡張したシェル
ash	shの代替となる、小型かつ高速なシェル
dash	Debian版のash。スクリプトの実行が高速な軽量シェル
zsh	kshにbashやtcshの機能を取り入れた非常に強力なシェル

コマンドには、コマンド名と同じファイル名の外部コマンドと、シェルに内蔵されている内部コマンド（組み込みコマンド）があります。入力したコマンドがインストールされていない場合や、スペルミスをしている場合、次のようなメッセージが表示されます。なお、Linuxでは、コマンドやファイル名などは大文字と小文字が区別されます。

コマンドが見つからないエラー1

$ datw
-bash: datw: command not found
dateコマンドを入力ミスした

コマンドが見つからないエラー2

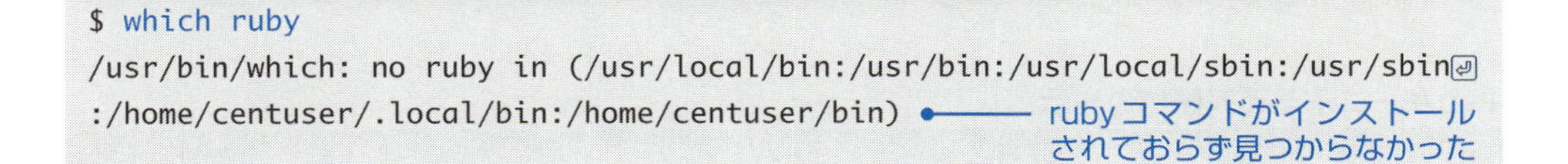

$ which ruby
/usr/bin/which: no ruby in (/usr/local/bin:/usr/bin:/usr/local/sbin:/usr/sbin
:/home/centuser/.local/bin:/home/centuser/bin)
rubyコマンドがインストールされておらず見つからなかった

コマンドには、オプションや引数（ひきすう）を指定できます。コマンドによって、引数が必須のもの、オプションが必須のもの、引数やオプションが存在しないもの、などがあります。ほとんどの場合は引数よりも先にオプションを指定します。

書式　**コマンド　[オプション]　[引数]　（[]は省略可能を意味します）**

01-02 シェルの便利な機能

コマンドライン操作を効率よく行えるよう、シェルにはさまざまな機能が備わっています。

補完機能

コマンドやファイル名など、入力中の文字列を自動的に補完する機能です。入力中にTabキーを押すと、残りの部分が自動的に補完されます。

Tabキーによる補完

入力時点での候補が複数ある場合は、Tabキーを押しても反応がありません。Tabキーを2回押すことで、その時点での候補がすべて表示されます。

Tabキーによる補完候補の表示

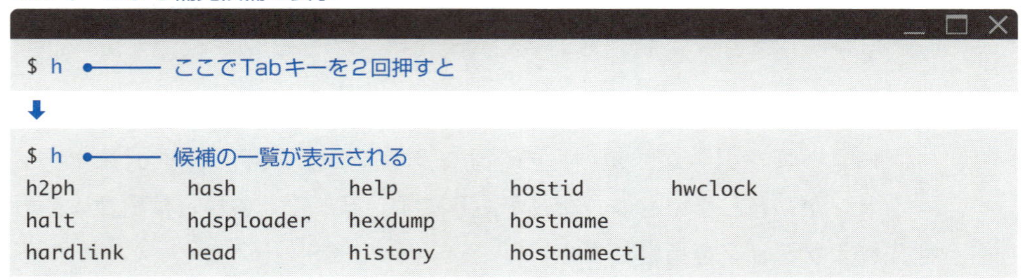

補完機能は入力の効率を上げることに加えて、入力ミスを減らすためにも必要です。積極的に活用してください。

コマンド履歴

実行したコマンドは保存されていて、後から呼び出すことで再入力の手間が省けます。カーソルキーの「↑」(またはCtrl＋Pキー) を押すと、最近実行したコマンドからさかのぼって表示されます。「↓」(またはCtrl＋Nキー) を押すと逆順、つまり古いものから新しいものへと表示されます。目的のコマンドが表示された時点でEnterキーを押すと、コマンドが再実行されます。

効率よくコマンド履歴を検索するには、インクリメンタル検索を利用します。Ctrl＋Rキーを押すと、次のような状態になります。

インクリメンタル検索

```
(reverse-i-search)`':
```

1文字入力するごとに、その時点でのコマンドの候補が表示されます。入力を進めるごとに候補が絞り込まれていくわけです。インクリメンタル検索を途中で終了するにはCtrl＋Cキーを押します。

参考 コマンド履歴はデフォルトで1000行保存されます。増やしたい場合は環境変数で設定を変更します。P.58を参照してください。

参考 コマンド履歴は、シェルを終了する時点でホームディレクトリ (P.62参照) 内の.bash_historyファイルに保存されます。

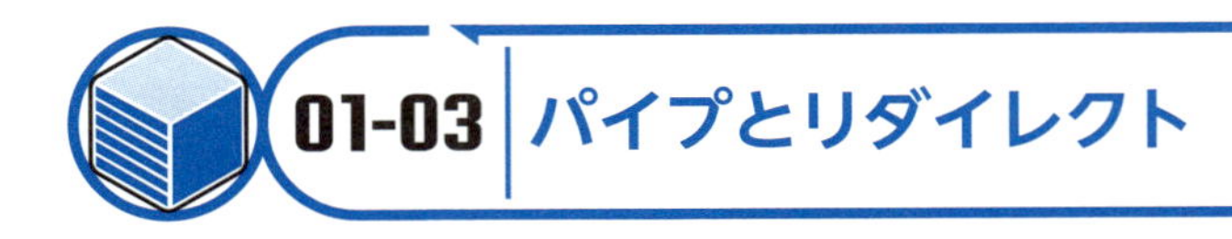

01-03 パイプとリダイレクト

Linuxでは、コマンドの出力先を画面上からファイルに切り替えたり、別のコマンドへとつないだりすることが簡単にできます。シンプルな動作のコマンドをいくつも連携させ、システム管理者が求める複雑な操作をすることができます。

書式 **コマンド1 | コマンド2**

パイプ「|」を使うと、コマンドの出力を別のコマンドへと渡して処理させることができます。例えば、以下のようにファイルの一覧を表示するlsコマンドと、行数・単語数・バイト数を表示するwcコマンドを連携させてみます（-lは行数表示のためのオプションです）。

パイプでlsコマンドとwcコマンドをつなぐ

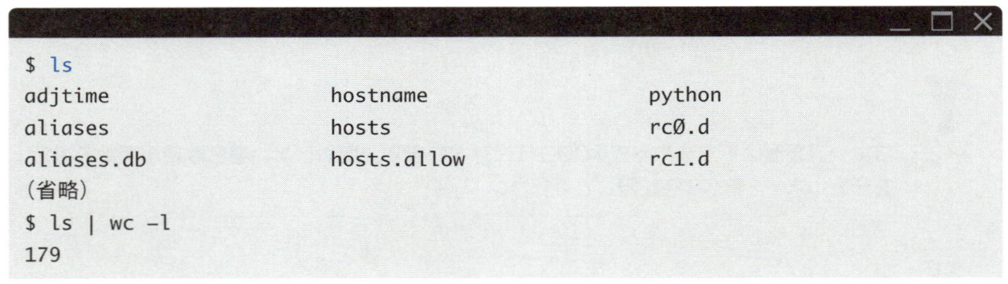

```
$ ls
adjtime          hostname         python
aliases          hosts            rc0.d
aliases.db       hosts.allow      rc1.d
(省略)
$ ls | wc -l
179
```

このようにすると「ファイル数を数える」ことができるわけです。

パイプが使われるケースとしては、行数が多くスクロールアウトしてしまう表示を、lessコマンドを使って1ページずつ表示する、ということがあります。次のコマンドを実行すると、lsコマンドの実行結果をlessコマンドで受けて1ページずつ表示できます。

/etcディレクトリのファイル一覧をlessコマンドで表示

```
$ ls -l /etc | less
```

注意　lessコマンドについてはP.67を参照してください。

コマンドの実行結果をファイルに保存したいときに使うのがリダイレクトです。リダイレクトにはいろいろな書き方がありますが、とりあえず「>」と「>>」のみ知っておけばよいでしょう。

書式　**コマンド　>　出力先ファイル名**
コマンド　>>　出力先ファイル名

例えば次の例では、lsコマンドの実行結果をfilelistsという名前のファイルに保存しています。

/etcディレクトリのファイル一覧をfilelistsファイルに保存

```
$ ls /etc > filelists
```

通常は画面上に出力されるlsコマンドの実行結果が、指定されたファイル（ここではfilelists）に書き込まれます（ファイルが存在しない場合は新規にファイルが作られます）。「>」の代わりに「>>」を使うと、ファイルを上書きするのではなく、ファイルの末尾に追記します。

01-04 メタキャラクタの利用

シェル上では特殊な意味を持つ記号をメタキャラクタといいます。その中でも、ファイル名のパターンを表す特殊な記号をワイルドカードといいます。シェルのメタキャラクタを使うと、パターンに一致する複数のファイルを一括して扱うことができます。例えば、/etcディレクトリ以下から、ファイル名の末尾が「.conf」のファイルだけを表示したいのであれば、次のようにします。

ファイル名の末尾が「.conf」のファイルだけを表示

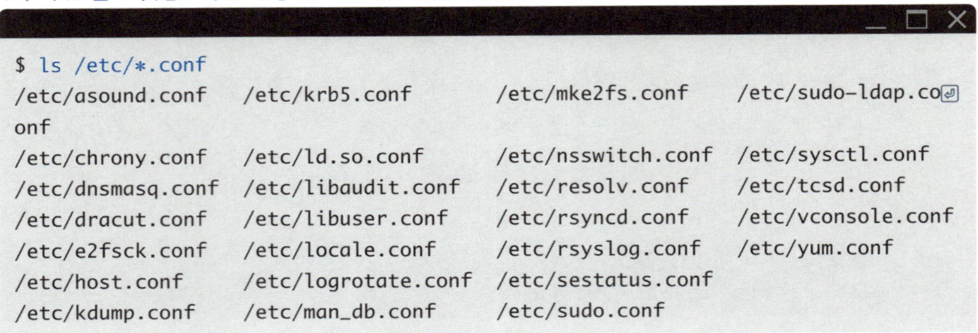

```
$ ls /etc/*.conf
/etc/asound.conf   /etc/krb5.conf       /etc/mke2fs.conf     /etc/sudo-ldap.co⏎
onf
/etc/chrony.conf   /etc/ld.so.conf      /etc/nsswitch.conf   /etc/sysctl.conf
/etc/dnsmasq.conf  /etc/libaudit.conf   /etc/resolv.conf     /etc/tcsd.conf
/etc/dracut.conf   /etc/libuser.conf    /etc/rsyncd.conf     /etc/vconsole.conf
/etc/e2fsck.conf   /etc/locale.conf     /etc/rsyslog.conf    /etc/yum.conf
/etc/host.conf     /etc/logrotate.conf  /etc/sestatus.conf
/etc/kdump.conf    /etc/man_db.conf     /etc/sudo.conf
```

「*」は「0文字以上の任意の文字列」を表すメタキャラクタです。文字数を限定したい場合は「任意の1文字」を表すメタキャラクタ「?」を使います。次の❶の例では、/etcディレクトリ以下からファイル名が「h」で始まるファイルを表示し、次に❷ではファイル名が「h」で始まり、ファイル名の長さが5文字のファイルを表示しています。

メタキャラクタ「*」と「?」の使い方

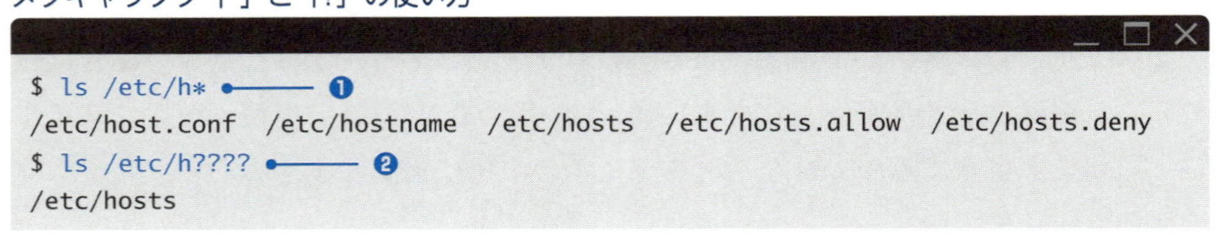

```
$ ls /etc/h*  ――― ❶
/etc/host.conf  /etc/hostname  /etc/hosts  /etc/hosts.allow  /etc/hosts.deny
$ ls /etc/h????  ――― ❷
/etc/hosts
```

注意 「*」は0文字以上を表すので、たとえば「*.txt」は「.txt」、「a.txt」、「abc.txt」などにマッチします。

02 環境変数

02-01 Linuxの環境変数

シェルの状態や設定値は、環境変数と呼ばれる変数（名前付きの入れ物）に保存されます。

表2：主な環境変数

環境変数	説明
PATH	コマンドやプログラムを検索するディレクトリのリスト
USER	現在のユーザー名
LANG	地域設定（言語処理方式）
HOME	現在のユーザーのホームディレクトリ
HISTSIZE	コマンド履歴の最大値
HISTFILE	コマンド履歴を格納するファイル
EDITOR	標準エディタ

環境変数の値を表示するにはechoコマンドを使います。環境変数は「$HISTSIZE」のように、環境変数名の頭に「$」記号を付けます。

書式　**echo $環境変数名**

環境変数HISTSIZEの値を表示する

```
$ echo $HISTSIZE
1000
```

HISTSIZEはシェルのコマンド履歴を保持しておく最大値が格納されている環境変数です。値を変更するには、exportコマンドを使います。このとき、環境変数名に「$」を付けない点に注意してください。

書式 **export 環境変数名**

環境変数HISTSIZEの値を2000とする

```
$ export HISTSIZE=2000
```

設定した値は、シェルが終了するまで有効です。次回ログイン以後も設定を有効にしたい場合は、「export HISTSIZE=2000」のような設定を、ホームディレクトリにある「.bash_profile」というファイルの末尾に追加してください。

03 ファイルとディレクトリの操作

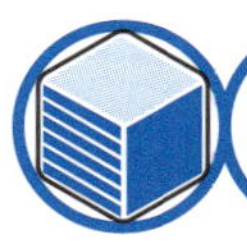

03-01 Linuxのファイル

Linuxで扱われるファイルを分類すると4種類になります。

表3：ファイルの種類

ファイルの種類	説明
通常ファイル	文字列が読み書きできるテキストファイルと、プログラムやデータが格納されたバイナリファイル
ディレクトリ	ファイルを格納するフォルダ
リンクファイル	ファイルに別名をつける仕組み。ハードリンクとシンボリックリンクがある
特殊ファイル	デバイスを表すデバイスファイルや特殊な用途のファイル

通常ファイル、ディレクトリ、リンクファイルはWindowsでもありますが、デバイスファイルはUNIX系OS特有です。Linuxでは、すべてをファイルで表します。コンピューターに接続されているデバイス、例えばキーボードやモニタ、プリンターも、それぞれに対応したデバイスファイルがあります。プリンターを表すデバイスファイルに文字を書き込むとプリンターから出力される、といったイメージです。すべてをファイルとして抽象化することで、デバイスの扱いをシンプルにしているのです。

Windowsでは「.txt」「.exe」といった拡張子が意味を持ち、アプリケーションと関連付けられていますが、Linuxではファイル名の一部にすぎません[*1]。

Linuxでのファイル名は、大文字と小文字が区別されます。また、「.」で

＊1　本書ではWindowsと同様に「拡張子」と呼んでいますが、正しくはsuffix（接尾辞）といいます。

始まる名前のファイルやディレクトリは隠しファイル（隠しディレクトリ）となり、通常の操作では表示されなくなります。そういったファイルの多くは設定ファイルです（誤操作で消してしまわないように）。

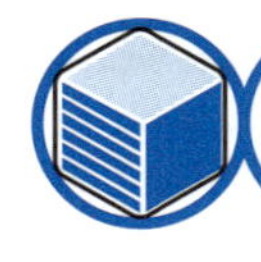

03-02 ディレクトリの構造

Linuxでは、ディレクトリがツリー状の階層構造になっています（ディレクトリツリー）（**図2**）。すべてのディレクトリの頂点になる、つまり全ディレクトリを格納しているトップディレクトリをルートディレクトリといいます。ルートディレクトリは「/」で表します。

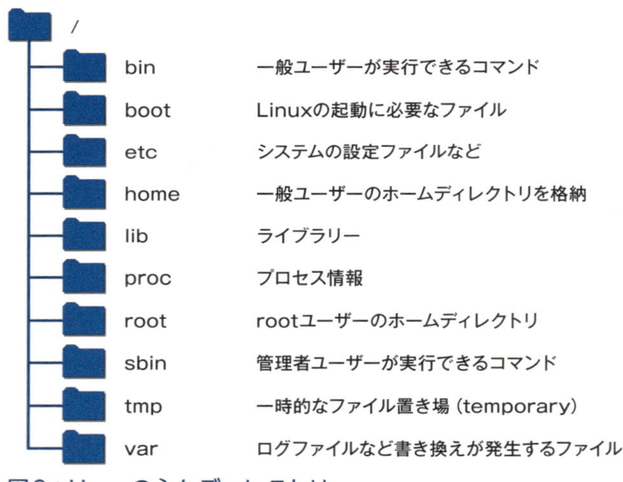

図2：Linuxの主なディレクトリ

ファイルやディレクトリの場所はパスで表します。ルートディレクトリを起点として表す絶対パスと、カレントディレクトリ（P.61を参照）を起点として表す相対パスがあります。コマンドでファイルやディレクトリを指定する際は、いずれの方法を使ってもかまいません。ケースバイケースで、短く表せる方か、わかりやすい方かを指定するとよいでしょう。

絶対パス

「/」で始まり、目的のファイルやディレクトリまでの道筋を「/」で区切って表します。例えば、ルートディレクトリ直下にあるhomeディレクトリ内にあるcentuserディレクトリは「/home/centuser」と表します（**図3**）。絶対パスはファイルやディレクトリを一意に（重複なしに）指定できます。

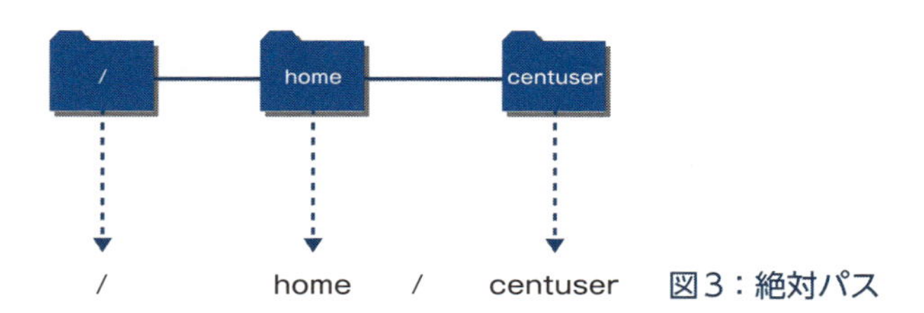

図3：絶対パス

相対パス

コマンドライン操作では、ユーザーはいずれかのディレクトリを作業場所としており、そのディレクトリをカレントディレクトリ（またはカレントワーキングディレクトリ）といいます。相対パスは、カレントディレクトリを起点にファイルやディレクトリまでの道筋を表します。例えば、カレントディレクトリが/home/centuserであれば、絶対パスでの「/home/centuser/tmp/a.txt」は、相対パスでは「tmp/a.txt」と表せます（**図4**）。

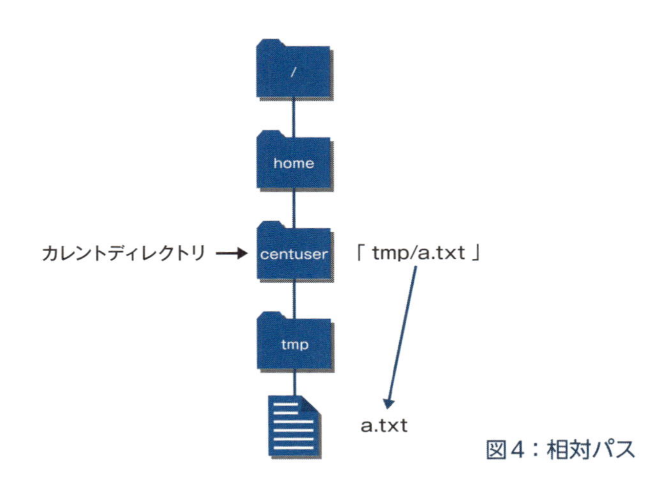

図4：相対パス

絶対パスと違って、相対パスはファイルやディレクトリの場所を一意で表しません。例えば、カレントディレクトリが/homeであれば、先の例の相対パスは「centuser/tmp/a.txt」となります。カレントディレクトリはpwdコマンドで確認できます。

カレントディレクトリを確認

```
$ pwd
/home/centuser
```

ホームディレクトリ

ユーザーがログインしたときにカレントディレクトリとなるディレクトリをホームディレクトリといいます。Linuxでは通常、「/home/ユーザー名」がホームディレクトリとなります。ホームディレクトリは個々のユーザー専用スペースで、他のユーザーはアクセスできないようになっています。自由にファイルを配置してかまいませんが、システムによってはユーザーごとに利用サイズの上限を設けていることもあります。

ホームディレクトリには、ユーザーの環境（言語設定や環境変数など）を設定するためのファイルがたくさん配置されています。それらのファイルの多くは「.」で始まるファイルやディレクトリとなっているので、通常の操作では見ることができません。

03-03 ファイル操作コマンド

ファイルの一覧を表示するには、lsコマンドを使います。

書式 **ls ［オプション］ ［ファイル名またはディレクトリ名］**

オプションなしでlsコマンドを実行すると、カレントディレクトリにあるファイル一覧が表示されます。ディレクトリを指定すると、指定したディレクトリ内のファイル一覧が表示されます。

ルートディレクトリ直下のファイル一覧

```
$ ls /
bin   dev  home  lib64  mnt  proc  run   srv  tmp  var
boot  etc  lib   media  opt  root  sbin  sys  usr
```

詳細な情報を見るには-lオプションをつけます。

ルートディレクトリ直下のファイル詳細一覧

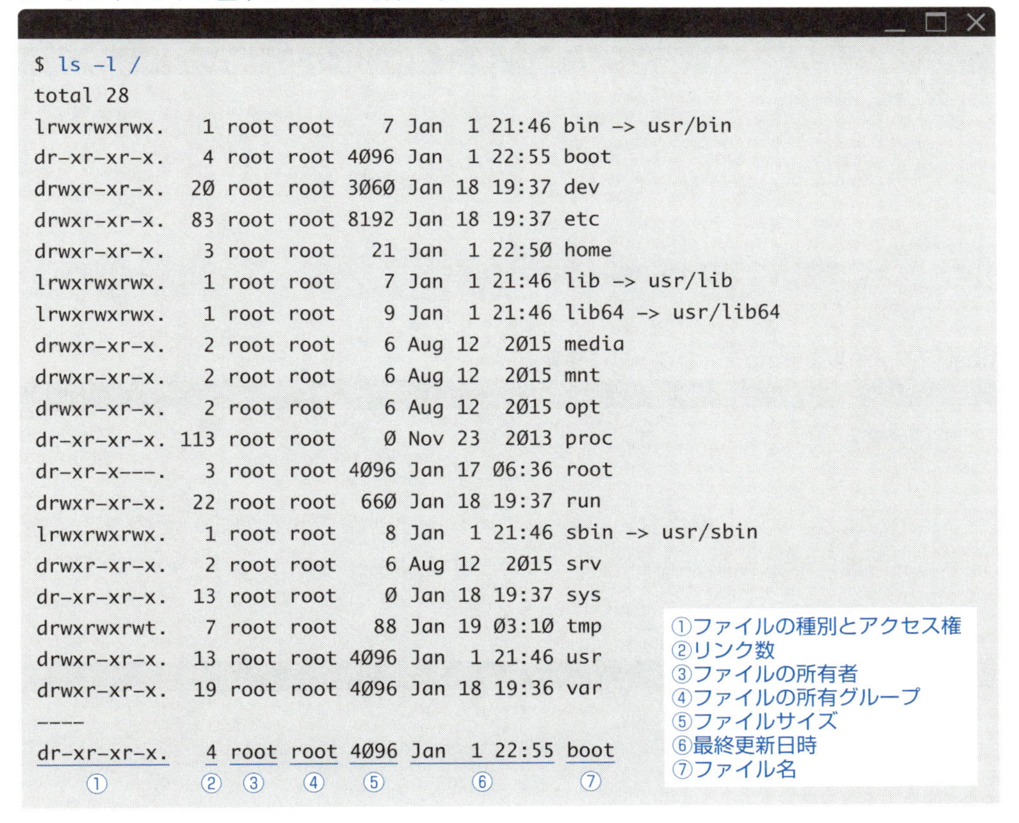

```
$ ls -l /
total 28
lrwxrwxrwx.   1 root root    7 Jan  1 21:46 bin -> usr/bin
dr-xr-xr-x.   4 root root 4096 Jan  1 22:55 boot
drwxr-xr-x.  20 root root 3060 Jan 18 19:37 dev
drwxr-xr-x.  83 root root 8192 Jan 18 19:37 etc
drwxr-xr-x.   3 root root   21 Jan  1 22:50 home
lrwxrwxrwx.   1 root root    7 Jan  1 21:46 lib -> usr/lib
lrwxrwxrwx.   1 root root    9 Jan  1 21:46 lib64 -> usr/lib64
drwxr-xr-x.   2 root root    6 Aug 12  2015 media
drwxr-xr-x.   2 root root    6 Aug 12  2015 mnt
drwxr-xr-x.   2 root root    6 Aug 12  2015 opt
dr-xr-xr-x. 113 root root    0 Nov 23  2013 proc
dr-xr-x---.   3 root root 4096 Jan 17 06:36 root
drwxr-xr-x.  22 root root  660 Jan 18 19:37 run
lrwxrwxrwx.   1 root root    8 Jan  1 21:46 sbin -> usr/sbin
drwxr-xr-x.   2 root root    6 Aug 12  2015 srv
dr-xr-xr-x.  13 root root    0 Jan 18 19:37 sys
drwxrwxrwt.   7 root root   88 Jan 19 03:10 tmp
drwxr-xr-x.  13 root root 4096 Jan  1 21:46 usr
drwxr-xr-x.  19 root root 4096 Jan 18 19:36 var
----
dr-xr-xr-x.   4 root root 4096 Jan  1 22:55 boot
     ①        ②  ③    ④    ⑤      ⑥          ⑦
```

ファイルをコピーするにはcpコマンドを使います。

書式 **cp コピー元ファイル名 コピー先ファイル名**

/etc/hostsファイルをhosts2という名前でコピー

```
$ cp /etc/hosts hosts2
```

コピー先にディレクトリ名を指定した場合は、同じファイル名でコピーされます。ディレクトリ名として「.」を指定すると、カレントディレクトリの意味になります。

/etc/hostsファイルをカレントディレクトリに同じファイル名でコピー

```
$ cp /etc/hosts .
```

ファイルを移動するにはmvコマンドを使います。

書式 **mv 移動元ファイル名 移動先ファイル名**

hosts2ファイルを/tmpディレクトリに移動

```
$ mv hosts2 /tmp
```

mvコマンドの場合、移動元ファイルは削除されるので、そのファイルを削除する権限がない場合はコマンドの実行が失敗します。

/etc/hostsファイルは移動できない

```
$ mv /etc/hosts /tmp
mv: cannot move '/etc/hosts' to '/tmp/hosts' : Permission denied
```

mvコマンドはファイル名の変更にも使います。

書式　**mv 元ファイル名 新ファイル名**

hostsファイルをrenamehostsに変更

```
$ ls
hosts
$ mv hosts renamehosts
$ ls
renamehosts
```

ファイルを削除するにはrmコマンドを使います。rmコマンドを使って削除したファイルは、すぐに消えてしまいます（ゴミ箱のような仕組みはなく、確認メッセージが表示されることもありません）。操作する際は慎重に行ってください。

書式　**rm ファイル名**

renamehostsファイルを削除

```
$ rm renamehosts
```

ファイルの種類を確認するには、fileコマンドを使います。

ファイルの種類を確認

```
$ file /etc/hosts
/etc/hosts: ASCII text ●―― ASCIIテキストファイル
$ file /bin/ls
/bin/ls: ELF 64-bit LSB executable, x86-64, version 1 (SYSV), dynamically lin⏎
ked (uses shared libs), for GNU/Linux 2.6.32, BuildID[sha1]=aa7ff68f13de25936⏎
a098016243ce57c3c982e06, stripped ●―― バイナリ実行ファイル
```

03-04 ファイル閲覧コマンド

テキストファイルの内容を表示するには、catコマンドを使います。

/etc/redhat-releaseファイルの内容を表示する

```
$ cat /etc/redhat-release
CentOS Linux release 7.2.1511 (Core)
```

catコマンドでは、行数の多いファイルの場合、あっという間に内容がスクロールして流れてしまいます。lessコマンドを使うと、最初の1画面分だけが表示されます（**図5**）。スペースキーを押せば次のページが見られます。また、カーソルキーの上下でスクロールすることもできます。

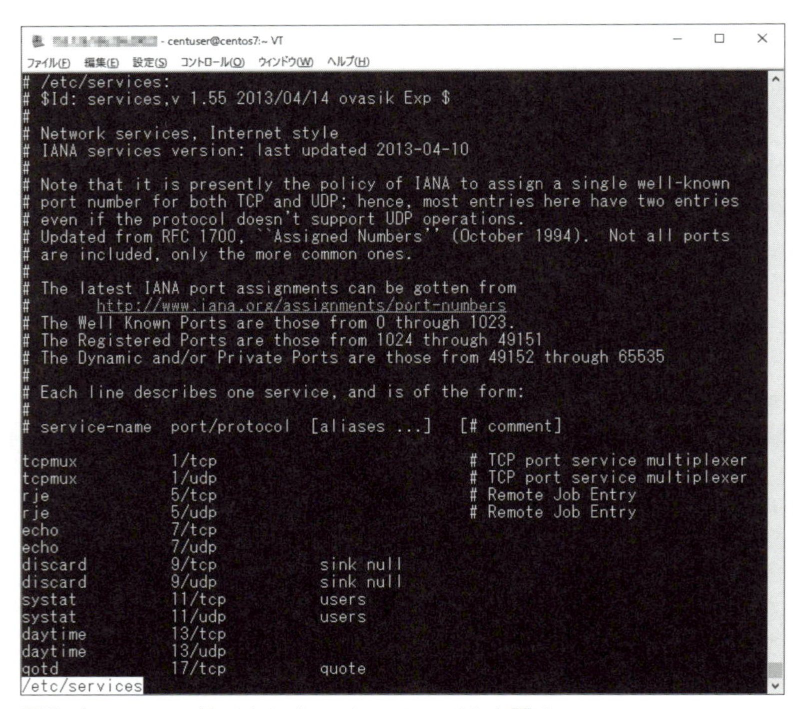

図5：lessコマンドで/etc/servicesファイルを開く

lessコマンドはQキーを押すまで終了しません。lessコマンド実行中に使える主な操作を**表4**にまとめておきます。

表4：lessコマンドの主な操作

キー操作	説明
SPACE	次のページを表示する
↑	上方向に1行スクロールする
↓	下方向に1行スクロールする
F	次のページを表示する（SPACEと同じ）
B	前のページを表示する
Q	lessコマンドを終了する

この操作は、コマンドのマニュアルを調べるmanコマンドなどとも共通しています*2。

03-05 ディレクトリ操作コマンド

ディレクトリを作成するにはmkdirコマンドを使います。

書式 **mkdir ディレクトリ名**

tempディレクトリを作成

```
$ mkdir temp
```

ディレクトリをコピーするには、cpコマンドに-rオプションを指定します。

＊2 manコマンドがlessコマンドを使ってマニュアルを表示します。ただし、設定によってless以外のコマンドに変更できます。

tempディレクトリをdataディレクトリとしてコピー

```
$ cp -r temp data
```

ディレクトリを削除するには、rmdirコマンドを使います。ただし削除対象ディレクトリ内にファイルが残っていないようにします。中にあるファイルごと削除するには、-rオプションを指定してrmコマンドを実行します。

```
rmdir 削除ディレクトリ名
rm -r 削除ディレクトリ名
```

tempディレクトリを削除

```
$ rm -r temp
```

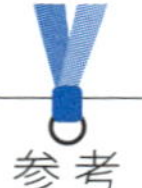

注意 ディレクトリ内のファイルの有無にかかわらず、rm -rコマンドであれば削除できるので、通常はこちらのコマンドのみ使うとよいでしょう。

参考 rmコマンドでファイルを削除するとき、ファイルを削除してよいかどうかの確認が出てきます。-fオプションを追加すると、確認なしで削除できますが、その分注意が必要です。

03-06 圧縮ファイルの展開

Linuxでは、よく使われるファイルの圧縮形式として4種類があります。それぞれの形式はファイル名（拡張子）で区別できます（**表5**）。

表5：ファイルの圧縮・展開コマンド

拡張子	圧縮コマンド	展開コマンド
.zip	zip	unzip
.gz	gzip	gunzip
.bz2	bzip2	bunzip2
.xz	xz	xz -d

多くはgzipもしくはbzip2による圧縮です。最近ではxzを使った、より効率の高い圧縮が広まってきています。

ファイルを圧縮する例として、適当なファイルを圧縮してみましょう。

/etc/servicesファイルをカレントディレクトリにコピー

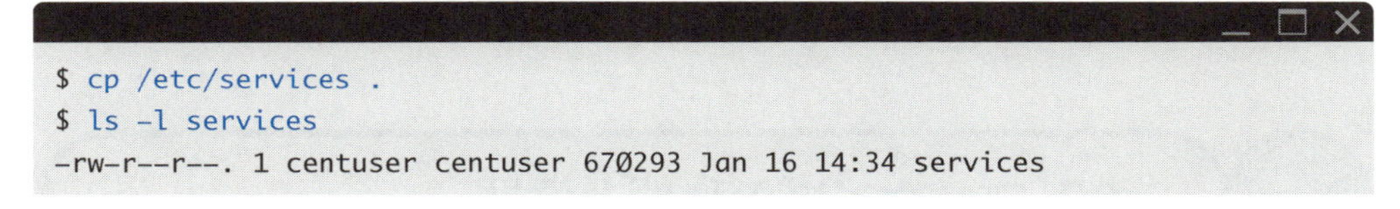

servicesファイルをbzip2コマンドで圧縮

圧縮前のファイルは削除され、圧縮されたファイルが生成されます。ファイル名は、元のファイル名に「.bz2」が自動的につけられます。ファイルサイズを比較してみましょう。元のファイルと比べて、5分の1程度のサイズになっています。

圧縮前のファイルとサイズを比較

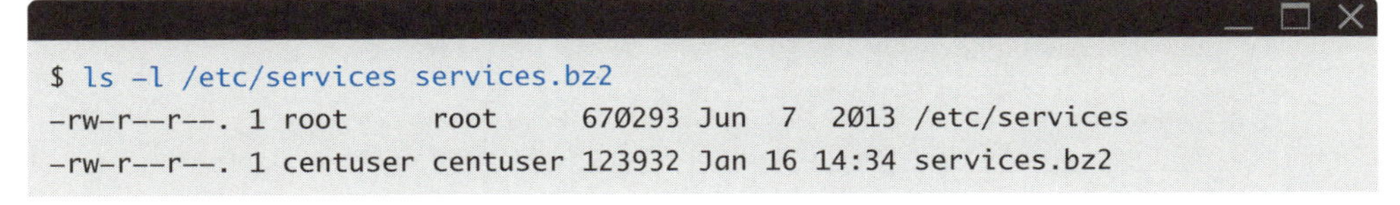

$ ls -l /etc/services services.bz2
-rw-r--r--. 1 root   root   670293 Jun 7 2013 /etc/services
-rw-r--r--. 1 centuser centuser 123932 Jan 16 14:34 services.bz2

今度は圧縮ファイルの展開を見てみましょう。インターネット上で公開

されているファイルは、たいていが圧縮されています。ダウンロード後に展開する必要があります。それぞれの形式に対応したコマンドで展開してください。先ほど圧縮したファイルを展開するには、次のコマンドを実行します。

services.bz2ファイルを展開

```
$ bunzip2 services.bz2
$ ls
services
```

圧縮されたファイルは自動的に削除され、展開したファイルが生成されます。

03-07 アーカイブの作成と展開

ディレクトリを圧縮する場合は、あらかじめ複数のファイルを1つのファイルにまとめたアーカイブ（書庫）を作成し、そのアーカイブファイルを圧縮します。アーカイブの管理にはtarコマンドを使います。

書式　**tar オプション ディレクトリ**

表6：tarコマンドの主なオプション

オプション	説明
-c	アーカイブを作成する
-x	アーカイブを展開する
-f ファイル名	アーカイブファイルを指定する
-z	gzipの圧縮を使う
-j	bzip2の圧縮を使う
-J	xzの圧縮を使う
-t	アーカイブの内容を表示する
-v	詳しく表示する

アーカイブを作成するには、-cオプションを使います。次の例では、/etc/postfixディレクトリ*3のアーカイブをtest.tarという名前で作成しています。

test.tarアーカイブを作成

```
$ tar -cvf test.tar /etc/postfix
tar: Removing leading `/' from member names
/etc/postfix/
/etc/postfix/access
/etc/postfix/canonical
/etc/postfix/generic
/etc/postfix/header_checks
/etc/postfix/main.cf
/etc/postfix/master.cf
/etc/postfix/relocated
/etc/postfix/transport
/etc/postfix/virtual
$ ls
services  test.tar
```

この状態では、あくまで複数のファイルを1つにまとめただけなので、圧縮はかけられていません。アーカイブの作成と同時に圧縮をするには、-zオプションや-jオプションも併せて指定します。次の例では、test.tarアーカイブを作成すると同時にgzipで圧縮しています。

test.tar.gzアーカイブを作成

```
$ tar -czvf test.tar.gz /etc/postfix
tar: Removing leading `/' from member names
/etc/postfix/
/etc/postfix/access
/etc/postfix/canonical
/etc/postfix/generic
/etc/postfix/header_checks
```

*3　メールサーバーPostfixの設定ディレクトリです。

```
/etc/postfix/main.cf
/etc/postfix/master.cf
/etc/postfix/relocated
/etc/postfix/transport
/etc/postfix/virtual
$ ls
services  test.tar  test.tar.gz
```

tarコマンドで作成したアーカイブを圧縮したファイルをtar ball（tarボール）といいます。tar ballを展開するには、-xオプションと、圧縮の種類に対応したオプションを指定します。

test.tar.gzを展開

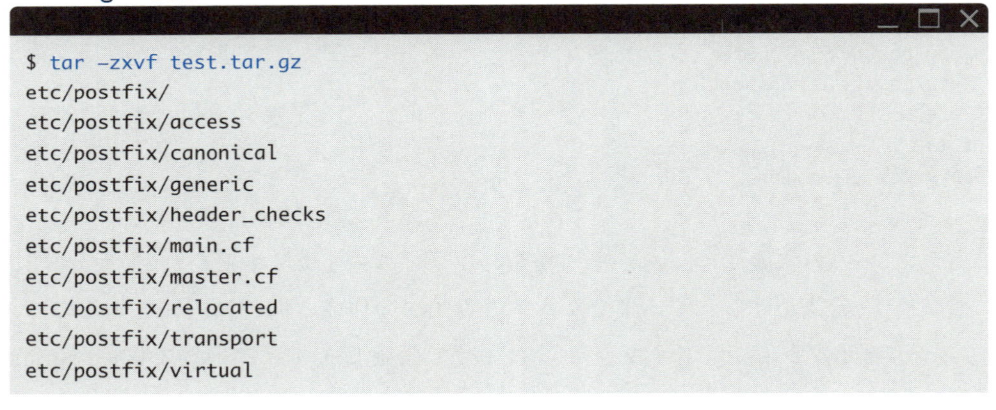

```
$ tar -zxvf test.tar.gz
etc/postfix/
etc/postfix/access
etc/postfix/canonical
etc/postfix/generic
etc/postfix/header_checks
etc/postfix/main.cf
etc/postfix/master.cf
etc/postfix/relocated
etc/postfix/transport
etc/postfix/virtual
```

注意　上記のtarコマンドを実行すると、カレントディレクトリに「etc」ディレクトリが作られ、その下に「postfix」ディレクトリが作られ、その下に設定ファイル類が展開されます。

04 パーミッション

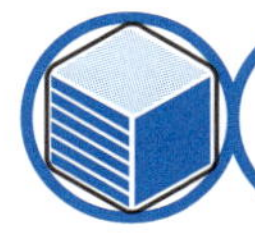

04-01 ファイルの所有者

ファイルやディレクトリを作成すると、作成したユーザーがその所有者となります。また、ユーザーの属しているグループが所有グループとなります*4。ファイルの所有者と所有グループは、ls -lコマンドで確認できます。

ファイルの所有者と所有グループの確認

```
$ ls -l services
-rw-r--r--. 1 centuser centuser 670293 Jan 16 14:34 services
```

この例では、centuserユーザーが所有者、centuserグループが所有グループとなっています。CentOSでは、ユーザーを作成すると、そのユーザーと同名のグループも自動的に作成されます。

04-02 アクセス権

ファイルやディレクトリにはアクセス権が設定されています。アクセス権には「読み取り可能」「書き込み可能」「実行可能」の3種類があり、それぞれ「r」「w」「x」で表します*5。アクセス権は「所有者」「所有グルー

*4 複数のグループに所属している場合はアクティブなグループが所有グループとなります。
*5 それぞれ、Readable、Writable、eXecutableという意味です。

プ」「その他のユーザー」それぞれに対して設定できます。

表7：ファイルのアクセス権

アクセス権	説明
読み取り可能	ファイルの内容を読み取ることができる
書き込み可能	ファイルの内容を変更できる
実行可能	ファイルを実行できる

表8：ディレクトリのアクセス権

アクセス権	説明
読み取り可能	ディレクトリ内のファイル一覧を表示できる
書き込み可能	ディレクトリ内でファイルの作成や削除ができる
実行可能	ディレクトリ内のファイルにアクセスできる

アクセス権はls -lコマンドで確認できます。

アクセス権の確認

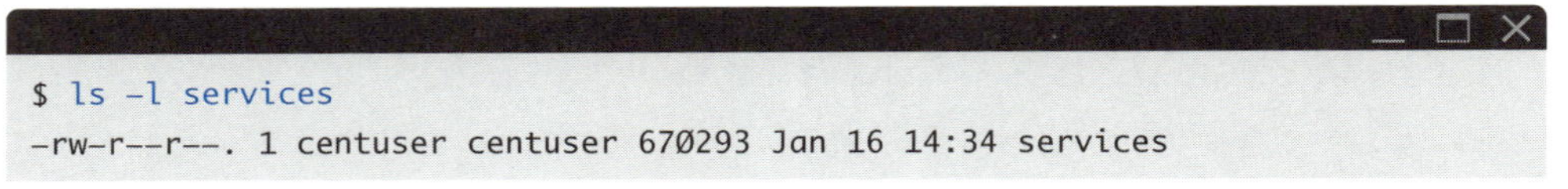

```
$ ls -l services
-rw-r--r--. 1 centuser centuser 670293 Jan 16 14:34 services
```

2文字目から10文字目の「rw-r--r--」がアクセス権を表しています（**図6**）。

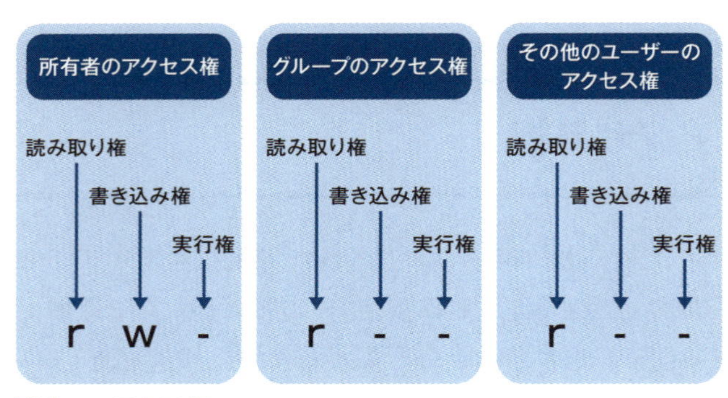

図6：アクセス権

この例では、

- 所有者（centuserユーザー）は読み取りと書き込みができる
- 所有グループ（centuserグループ）に属するユーザーは読み取りができる
- 上記以外のユーザーは読み取りができる

となります。所有者は読み書きできますが、所有者以外は書き込みができない、というアクセス権です。

アクセス権を数値で表すこともあります。「読み取り可能」を4、「書き込み可能」を2、「実行可能」を1として、所有者、所有グループ、その他ユーザーごとに足した数値で表します（**図7**）。

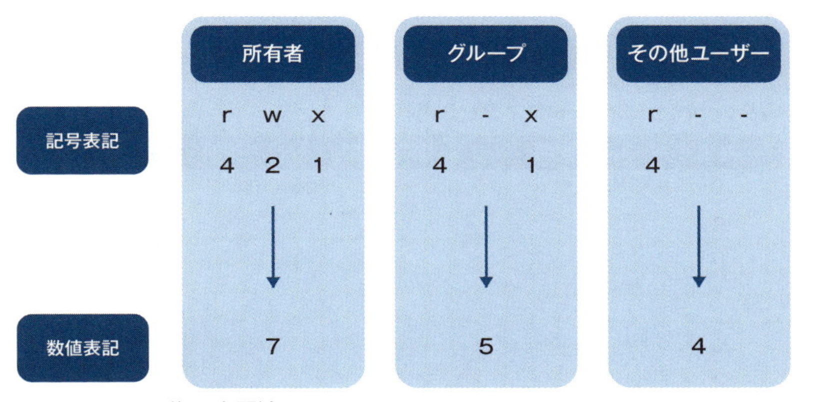

図7：アクセス権の表記法

「rwxr-xr--」を数値で表すと「754」となります。

注意　アクセス権とパーミッションは同じような意味で使われます。本書では、所有者、所有グループとアクセス権を組み合わせたものをパーミッションとしています。

04-03 アクセス権の変更

アクセス権を変更するにはchmodコマンドを使います。アクセス権を変更できるのはファイルの所有者とrootユーザーだけです。

書式 `chmod [-R] アクセス権 ファイル名またはディレクトリ名`

アクセス権は、記号で指定しても数値で指定してもかまいません。記号を用いる場合、所有者、所有グループ、その他ユーザーをそれぞれ「u」「g」「o」で表します。すべてのユーザーは「a」です。権限の追加には「+」を、権限の削除には「-」を、権限の指定には「=」を使います（**表9**）。例えば、その他ユーザーに読み取り権を追加するなら「o+r」、所有グループから書き込み権を削除するなら「g-w」です。

表9：chmodコマンドのアクセス権

対象	説明
u	所有者
g	所有グループ
o	その他ユーザー
a	すべてのユーザー

権限の設定	説明
+	権限を追加する
-	権限を削除する
=	権限を指定する

いくつか例を見ておきましょう。

sampleファイルの所有グループとその他ユーザーに書き込み権を追加

```
$ chmod uo+w sample
```

sampleファイルへの所有者・所有グループ以外のユーザーの書き込み権を削除

```
$ chmod o-w sample
```

数値を使った指定もできます。数値を使った指定では、変更前のアクセス権にかかわらず、指定したとおりのアクセス権になります。

sampleファイルのアクセス権を644（rw-r--r--）に設定

```
$ chmod 644 sample
```

なお、-Rオプションを指定すると、指定したディレクトリ以下のすべてのファイルのアクセス権を一度に変更できます。逆に言えば、-Rオプションを指定せずにディレクトリのアクセス権を変更しても、ディレクトリ内のファイルのアクセス権は変更されません。

04-04 所有者と所有グループ

すべてのファイルやディレクトリには、所有者と所有グループが設定されています。ファイルやディレクトリを作成すると、作成したユーザーが所有者に、ユーザーが所属するグループが所有グループに設定されます。所有者はchownコマンド、所有グループはchgrpコマンドで変更できます。基本的には、変更できるのはrootユーザーのみです。

書式 **chown [-R] 所有者 ファイル名またはディレクトリ名**

書式 **chgrp [-R] 所有グループ ファイル名またはディレクトリ名**

sampleファイルの所有者をapacheユーザーに変更

```
# chown apache sample
```

sampleファイルの所有グループをwwwグループに変更

```
# chgrp www sample
```

chownコマンドでは、所有者と所有グループを一度に変更できます。

書式　**chown [-R] 所有者:所有グループ ファイル名またはディレクトリ名**

sampleファイルの所有者をapacheに、所有グループをwwwに変更

```
# chown apache:www sample
```

Column ACL

Linuxの一部のファイルシステムにはACL（Access Control List）という機能が搭載されています。ACLを使うと、所有者と所有グループだけを使った標準のパーミッションよりも複雑なアクセス制御を実施できます。例えば、所有者がapache、所有グループがwwwであるファイルに、特別にwebadminユーザーも読み書きできる権限を追加する、といったぐあいです。CentOS 7標準のXFSファイルシステムや、他のディストリビューションで標準的なext4ファイルシステムは、いずれもACLに対応しています。

05 テキストエディタ

05-01 Linuxのテキストエディタ

Linuxにおいて、システムやサービスの設定を変更する方法は、大きく分けて2種類あります。

- 設定ファイル（テキストファイル）を編集する
- コマンドを実行する

設定ファイルを編集する方法は、UNIX系OSで古くから使われている方法です。設定ファイル内にパラメーターが記述されていて、それを編集することで設定が変わります。最近ではコマンドや対話型ツールを実行して変更する方法も増えてきましたが、コマンドを使った方法では、裏で設定ファイルを書き換えている場合があります。

このような理由で、Linuxサーバーの管理にはテキストファイルを編集する能力が不可欠です。一般的には、UNIX系のサーバーではviエディタというエディタがシステム管理で使われてきました。Linuxでは、viエディタを改良したVim（Vi IMproved）が搭載されています（**図8**）。

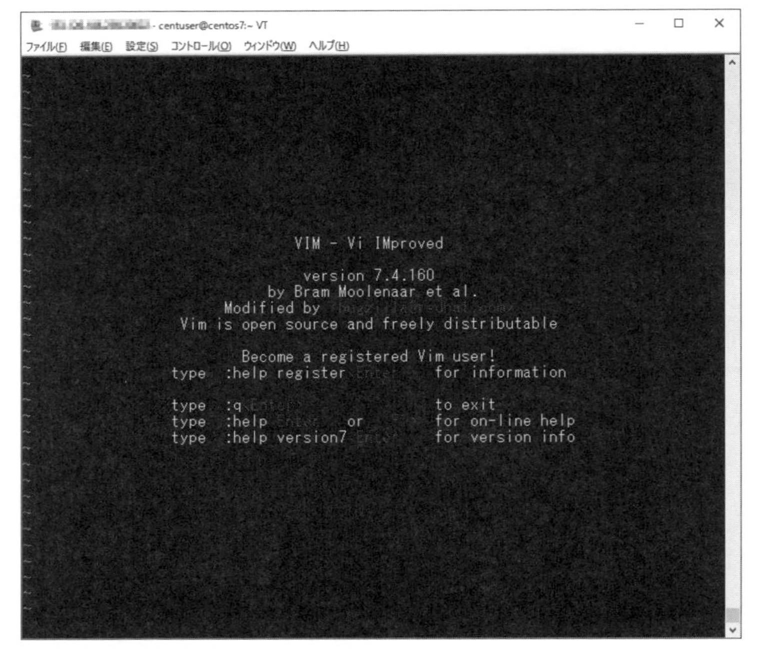

図8：Vimの起動画面

viエディタ（Vim）は操作体系が独特で慣れていない場合は、簡単な編集作業をするにもハードルが高いです。ただ、UNIX系で標準的に使われていることや、管理コマンドからviエディタが呼び出される（viエディタを使わざるを得ない）ことから、基本的な操作方法は知っておいた方がよいと思います。本書では付録（P.243）で解説しています。

テキストエディタとしてはほかに、Emacsが広く使われています（**図9**）。拡張性がきわめて高く、その機能はテキストエディタの範囲を超えます。

両方のエディタを「使いこなす」必要はありません。システム管理に必要なエディタの操作はそれほど多くないので、ひとまず基本だけ知っておけば十分です。

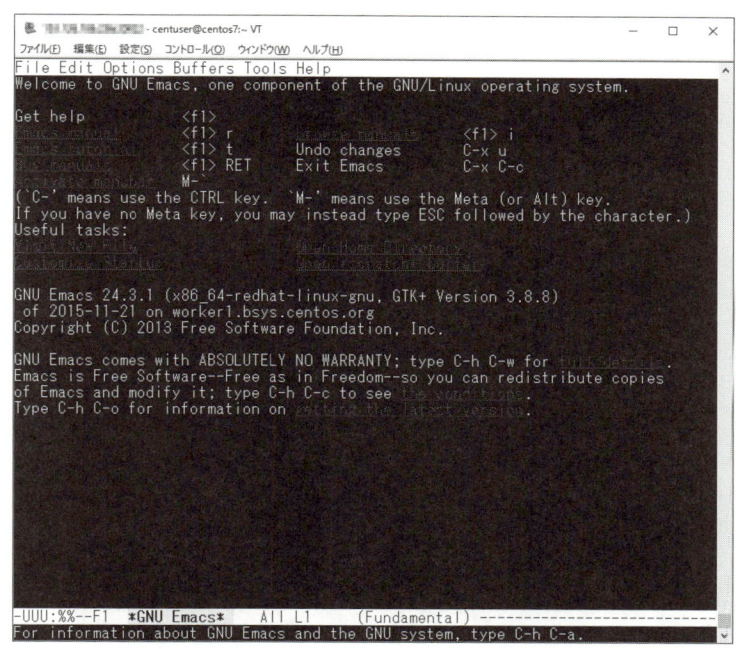

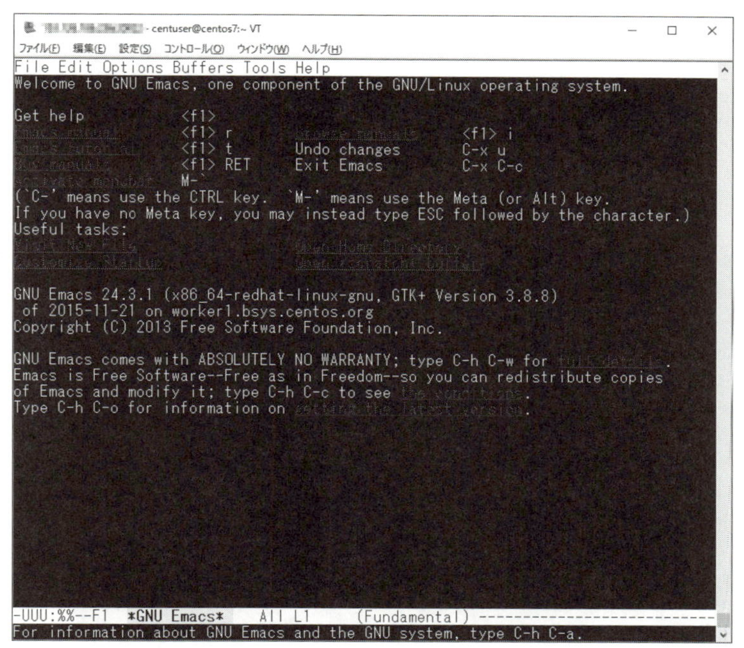

図9：Emacsの編集画面

05-02 nanoエディタ

nanoエディタは、すでに第2章で簡単に紹介しましたが、もう少し見ておくことにしましょう。CentOSでは、インストールの仕方によってはnanoエディタが入っていないことがあります。nanoエディタが使えない（コマンドを実行してもエラーになる）場合は、次のコマンドを実行してnanoエディタをインストールしてください。

nanoエディタをインストール

```
# yum -y install nano
```

編集したいファイルを引数に指定してnanoコマンドを実行すると、nanoエディタの画面になります。ファイルを指定しなかった場合は空のファイルが開かれます（**図10**）。

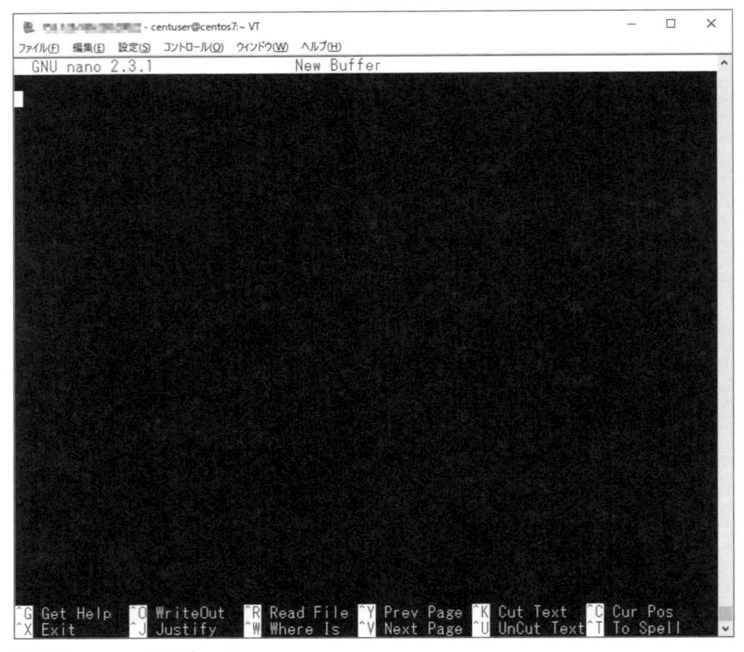

図10：nanoエディタ

編集画面では、Ctrlキーとの組み合わせで操作をします。基本操作を**表10**に示します。代表的な操作は常に画面下部に表示されています。「^」はCtrlキーを意味します。

表10：nanoエディタの基本操作

キー操作	説明
Ctrl＋G	ヘルプを表示する
Ctrl＋O	変更を保存する
Ctrl＋C	現在のカーソル位置を表示する
Ctrl＋W	文字列を検索する
Ctrl＋L	画面をリフレッシュ（再描画）する
Ctrl＋X	nanoエディタを終了する

ファイルを保存する場合は、Ctrl + Oを押すと、下から3行目に「File Name to Write:」と表示され、現在のファイル名が表示されます。そのままEnterキーを押すと上書き保存されます。ファイル名を編集してからEnterキーを押すと「Save file under DIFFERENT NAME ?」と尋ねられますので、「Y」キーを押すと別名で保存されます。

カーソルやページを移動するキー操作としては、とりあえず**表11**の操作を知っていれば十分でしょう。もちろん、カーソルキーも使えます。

表11：nanoエディタのカーソル・ページ移動系操作

キー操作	説明
Ctrl＋Y	前のページに移動する
Ctrl＋V	次のページに移動する
Ctrl＋A	カーソルのある行の先頭に移動する
Ctrl＋E	カーソルのある行の末尾に移動する
Ctrl＋W	文字列を検索する
Ctrl＋W ➡ Ctrl＋T	指定した行番号に移動する

文字列を検索する場合は、Ctrl + Wを入力すると、下に「Search:」と表示されて文字列が入力できるようになります。検索したい文字列を入力してEnterキーを押すと、カーソルよりも下方向でマッチした箇所にジャンプします。次の検索結果に進むには、Ctrl + WとEnterを繰り返します。

行番号を指定した移動もできます。Ctrl + Wに続いてCtrl + Tとタイプすると、「Enter line number, column number:」と尋ねられますので、行番号を入力してEnterキーを押します。「100,10」のように「行番号,桁番号」も指定できます。

行番号の指定

```
Enter line number, column number:
```

カット、コピー、貼り付けは**表12**の操作で行います。

表12：nanoエディタの編集系操作

キー操作	説明
Ctrl＋K	カーソルのある行をカットする
Alt＋^	カーソルのある行をコピーする
Ctrl＋U	カット（コピー）した文字列を貼り付ける

ほかにもたくさんの機能がありますが、これだけ知っていれば設定ファイルを編集するには十分です。もっと知りたい場合はヘルプ機能を参照してください。

Column nanoを標準エディタにする

CentOSでは、デフォルトではVimが標準エディタとして設定されています。nanoエディタを標準エディタとするには、次のコマンドを実行してください。

nanoを標準エディタにする

```
$ export EDITOR=nano
```

ただし、この設定はログアウト（もしくはシェルを終了）すると消えてしまいます。恒久的に設定を有効にするには、ホームディレクトリにある「.bash_profile」というファイルの末尾に「export EDITOR=nano」を追加してください。

4

ネットワークの基本と設定

この章では、サーバー運用に必要なネットワークの基礎知識を確認し、CentOS 7でのネットワーク設定方法とネットワーク情報の確認方法を見ていきます。CentOS 6までとは大きく変わったところもありますので、旧来のシステムを知っている方は注意してください。

01 サーバー運用に必要なネットワークの知識

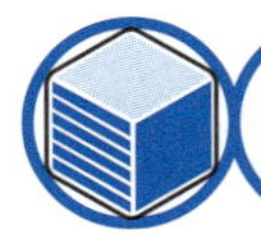

01-01 IPアドレスとサブネットマスク

インターネットやLANでは、TCP/IPというネットワーク規格（プロトコル）が広く普及しています。TCP/IPでは、ネットワーク上の住所に相当する情報をIPアドレスで表します。IPアドレスは32ビットの数値ですが、そのままでは扱いづらいので、8ビットずつ4つに区切った10進数で表すのが一般的です（**図1**）。

11000000.	10101000.	00000001.	00000010	…… 2進数表記
192.	168.	1.	2	…… 10進数表記

図1：IPアドレス

現在使われているIPプロトコルの主流はIPv4（IPバージョン4）ですが、IPv6（IPバージョン6）も一部で使われています。IPv4では32ビットだったアドレスが、IPv6では128ビットとなり、枯渇の心配なく利用できます*1。本書ではIPv4を扱います。

IPアドレスは、ネットワークを表す前半部分（ネットワーク部）と、そのネットワーク内の機器を表す後半部分（ホスト部）に分かれています。ネットワーク部とホスト部の境界を示すために使われるのが、IPアドレスとセットで使われる、サブネットマスクという32ビットの数値です（**図2**）。

＊1 IPv4アドレスは2011年に新規割り当て分がほぼ枯渇しました。

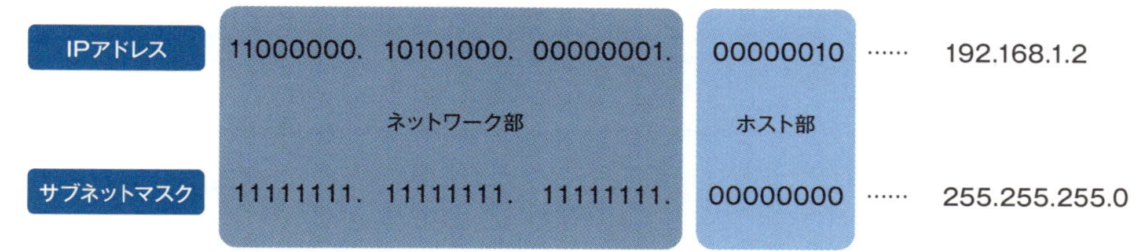

図2：サブネットマスク

簡単にいうと、IPアドレスとサブネットマスクをそれぞれ2進数で表し、サブネットマスクの1で覆われる部分がネットワーク部です。ネットワーク部が大きいと、その分ホスト部は小さくなり、1つあたりのネットワークに属することのできるIPアドレス数が少なくなります（小さなネットワーク）。逆に、ネットワーク部が小さく、ホスト部が大きい場合は、大きなネットワークになります。

ネットワークアドレスが同じ（1つのLANの中にある）機器どうしは、直接通信を行うことができます。ネットワークアドレスが異なる機器どうしは、ルーターを介さなければ通信できません（**図3**）。

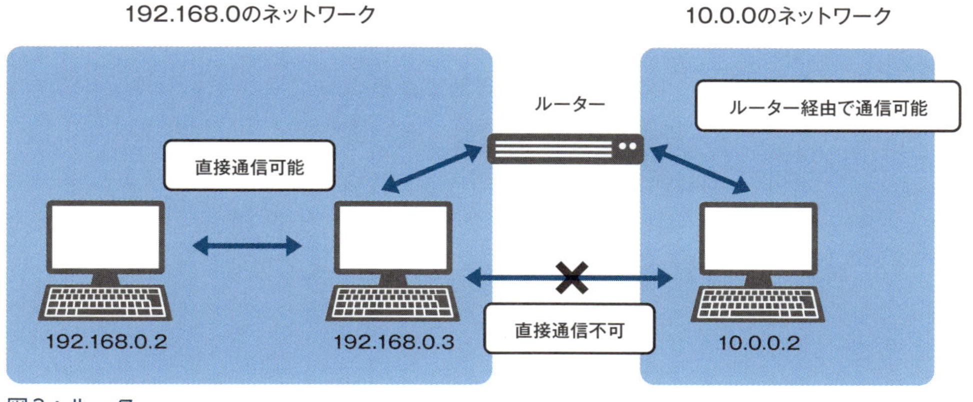

図3：ルーター

01-02 IPアドレスとクラス

IPアドレスはいくつかのクラスに分かれています。ネットワーク部が8ビットのものをクラスA、16ビットのものをクラスB、24ビットのものをクラスCといいます（**表1**）。ホストに割り当てることのできるIPアドレスは、クラスAからクラスCいずれかです。クラスAは大きなネットワーク、クラスCは小さなネットワークです。

表1：クラス

クラス	IPアドレスの範囲	サブネットマスク	1ネットワーク内のIPアドレス数
クラスA	0.0.0.0～127.255.255.255	255.0.0.0	16,777,216
クラスB	128.0.0.0～191.255.255.255	255.255.0.0	65,536
クラスC	192.0.0.0～223.255.255.255	255.255.255.0	256

クラスAは大規模な組織、クラスBは中規模な組織、クラスCは小規模な組織に割り当てるとよいのですが、実際には大きすぎたり小さすぎたりして、無駄になるIPアドレスがたくさん出てしまいました。そこで現在では、クラス単位での割り当てはせず、サブネットマスクの長さを変えることでネットワークのサイズを調整できるようになっています。つまり、IPアドレスはサブネットマスクとセットで使わなければなりません。

そこで、「192.168.0.0/24」のように、サブネットマスクの長さ（ネットワークアドレス長）を「/」の後に指定する書き方が一般的です。192.168.0.0/24は、192.168.0.0/255.255.255.0のように書いてもかまいません。

01-03 プライベートIPアドレスとグローバルIPアドレス

ホスト部のビットをすべて0にしたアドレスをネットワークアドレス、すべて1にしたアドレスをブロードキャストアドレスといいます。つまり、ネットワーク部が同じであるIPアドレスでいちばん小さいのがネットワークアドレス、いちばん大きいのがブロードキャストアドレスです（**図4**）。

	ネットワーク部	ホスト部		
IPアドレス	11000000. 10101000. 00000001.	00000010	……	192.168.1.2
サブネットマスク	11111111. 11111111. 11111111.	00000000	……	255.255.255.0
ネットワークアドレス	11000000. 10101000. 00000001.	00000000	……	192.168.1.0
ブロードキャストアドレス	11000000. 10101000. 00000001.	11111111	……	192.168.1.255

図4：ネットワークアドレスとブロードキャストアドレス

ネットワークアドレスはネットワークそのものを表すアドレスです。ブロードキャストアドレスは、同じネットワークに属するすべてのホストに一斉送信するための特殊なアドレスです。これら2つのアドレスはコンピューターに割り当てることができません。

IPアドレスは、自由に好きなアドレスを使ってよいわけではありません（自由に好きな電話番号を使えないのと同様です）。ただし、家庭や会社などのLAN内に限って利用可能なIPアドレスは、自由に使ってかまいません。これをプライベートIPアドレスといいます。プライベートIPアドレスの範囲は次のとおりです。

- 10.0.0.0〜10.255.255.255
- 172.16.0.0〜172.31.255.255
- 192.168.0.0〜192.168.255.255

プライベートIPアドレスは、LAN内のパソコンやタブレット端末などに割り当てて利用します。インターネット上のサーバーに設定してはいけません。インターネット上のサーバーに割り当てるIPアドレスはグローバルIPアドレスといいます。グローバルIPアドレスは世界的に管理されているので、勝手に好きな番号を使ってはいけません。

01-04 ポート番号

ネットワーク上のホストでは、複数のアプリケーションがネットワークを使っているのが普通です。ホスト上で動作しているアプリケーションを識別するために用いられる番号をポート番号といいます（**図5**）。IPアドレスが建物の住所であるとすれば、ポート番号は部屋番号や窓口番号に相当します。

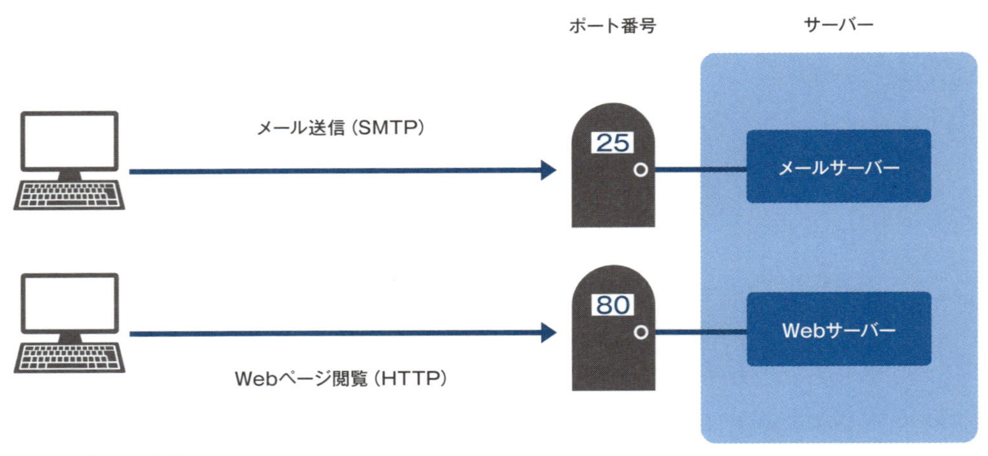

図5：ポート番号

よく使われるネットワークサービス用のポート番号はあらかじめ決められています（**表2**）。これをウェルノウンポート（Well Known Ports）といいます。

表2：主なポート番号

ポート番号	説明
20	FTPデータ転送
21	FTP制御情報
22	SSH
23	Telnet
25	メール（SMTP）
53	DNS
80	Web（HTTP）
110	メール（POP）
143	メール（IMAP）
443	安全なWeb（HTTPS）

参考　Linuxでは、ポート番号とサービス名の対応が/etc/servicesで定義されています。このファイルは、ポート番号をサービス名で表示する場合などに使われます。

01-05 ホスト名とドメイン名

ネットワーク上のコンピューターはIPアドレスで識別されます。しかしIPアドレスという数値は、扱いやすいとはいえないので、よりわかりやすくするためにコンピューターに名前を付けて管理できるようにしています。これがホスト名です。hostnameコマンドを実行すると、ホスト名が表示されます。

ホスト名を表示

```
$ hostname
ik1-329-xxxxx.vs.sakura.ne.jp
```

ホスト名とIPアドレスの対応は、DNS（Domain Name System：ドメインネームシステム）という仕組みによって管理されています。ホスト名とIPアドレスを相互に変換することを名前解決といいます（**図6**）。

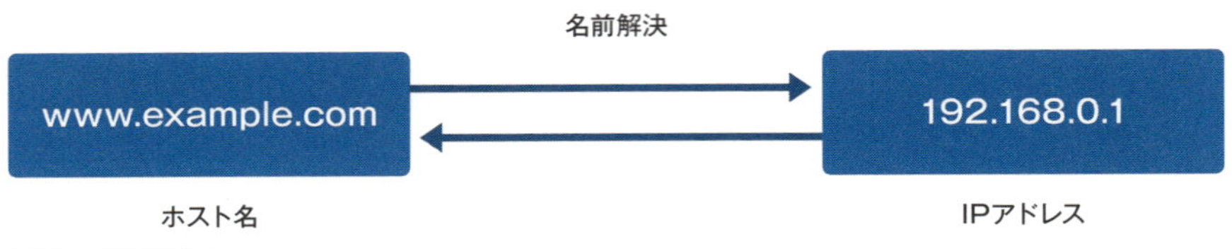

図6：名前解決

ホスト名は「www.example.com」のように「.」で区切って表します。広義のホスト名は、狭義のホスト名とドメイン名に分けることができます（**図7**）。ドメイン名は、コンピューターが所属しているネットワーク上の領域です。その領域の中で付けられた固有の名前がホスト名です。

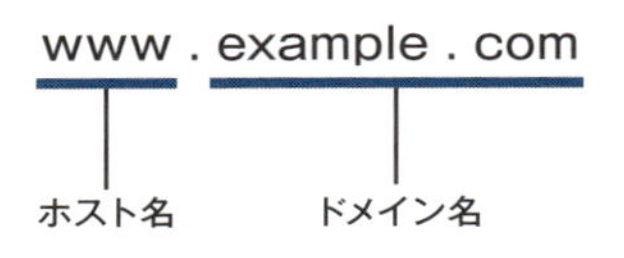

図7：ホスト名とドメイン名

「ホスト名」といった場合、「www」だけのことも「www.example.com」のこともあります（「名前」という言葉がファーストネームを表す場合とフルネームを表す場合があるのと同様です）。「www.example.com」のようにドメイン名を省略しないで表した名前をFQDN（Fully Qualified Domain Name：完全修飾ドメイン名）といいます。

01-06 ネットワークインターフェース

ネットワークとの接点をネットワークインターフェースといいます。Linuxでは、ネットワークインターフェースは「eth0」「eth1」といった名前（ネットワークインターフェース名）で表します。ネットワークインターフェースの情報は、ifconfigコマンドで調べることができます。

ネットワークインターフェースeth0の情報を表示（ifconfigコマンド）

```
$ ifconfig eth0
eth0: flags=4163<UP,BROADCAST,RUNNING,MULTICAST>  mtu 1500
        inet 172.26.186.236  netmask 255.255.254.0  broadcast 172.26.187.255
        inet6 2001:2500:102:3029:172:26:186:236  prefixlen 64  scopeid 0x0<global>
        inet6 fe80::9ea3:baff:fe01:e73c  prefixlen 64  scopeid 0x20<link>
        ether 9c:a3:ba:01:e7:3c  txqueuelen 1000  (Ethernet)
        RX packets 23975533  bytes 1553293411 (1.4 GiB)
        RX errors 0  dropped 0  overruns 0  frame 0
        TX packets 116179  bytes 9060667 (8.6 MiB)
        TX errors 0  dropped 0 overruns 0  carrier 0  collisions 0
```

2行目にある「172.26.186.236」がeth0ネットワークインターフェースに設定されているIPアドレスです。「255.255.254.0」がサブネットマスク、「172.26.187.255」がブロードキャストアドレスです。3行目にはIPv6アドレスが表示されています。

注意　ネットワークインターフェースは、物理的なLANポートと1対1で対応しているわけではありません。1つのLANポートに複数のネットワークインターフェースを割り当てたり、逆に複数のLANポートを1つにまとめたりすることもできます。

なお、CentOS 7では、ifconfigコマンドの代わりにipコマンドを使うことが推奨されています。ipコマンドを使ってネットワークインターフェース情報を表示するには、次のようにします。

ネットワークインターフェースeth0の情報を表示（ipコマンド）

```
$ ip addr show eth0
2: eth0: <BROADCAST,MULTICAST,UP,LOWER_UP> mtu 1500 qdisc pfifo_fast state UP ↵
qlen 1000
    link/ether 9c:a3:ba:01:e7:3c brd ff:ff:ff:ff:ff:ff
    inet 172.26.186.236/23 brd 172.26.187.255 scope global eth0
       valid_lft forever preferred_lft forever
    inet6 2001:2500:102:3029:172:26:186:236/64 scope global
       valid_lft forever preferred_lft forever
    inet6 fe80::9ea3:baff:fe01:e73c/64 scope link
       valid_lft forever preferred_lft forever
```

02 Linuxのネットワーク設定

02-01 ネットワークインターフェースの情報

CentOS 7では、ネットワークの処理をNetworkManagerというサービスが担っています。NetworkManagerはnmcliコマンドで管理します。

nmcli deviceコマンドを実行すると、サーバーに備わっているネットワークインターフェースの一覧とその状態（接続されているかどうか）が確認できます。

ネットワークインターフェースの一覧を表示

```
# nmcli device
DEVICE  TYPE      STATE         CONNECTION
eth0    ethernet  connected     System eth0
eth1    ethernet  disconnected  --
eth2    ethernet  disconnected  --
lo      loopback  unmanaged     --
```

ネットワークインターフェースの情報を詳細に表示するには、nmcli device showコマンドを実行します。

ネットワークインターフェースの詳細を表示

```
# nmcli device show eth0
GENERAL.DEVICE:                         eth0
GENERAL.TYPE:                           ethernet
GENERAL.HWADDR:                         9C:A3:BA:01:E7:3C
GENERAL.MTU:                            1500
GENERAL.STATE:                          100 (connected)
```

```
GENERAL.CONNECTION:                  System eth0
GENERAL.CON-PATH:                    /org/freedesktop/NetworkManager/
ActiveConnection/1
WIRED-PROPERTIES.CARRIER:            on
IP4.ADDRESS[1]:                      172.26.186.236/23  ―― IPアドレス（IPv4）
IP4.GATEWAY:                         172.26.186.1  ―― デフォルトゲートウェイ
IP4.DNS[1]:                          133.242.0.3  ―― DNSサーバー1
IP4.DNS[2]:                          133.242.0.4  ―― DNSサーバー2
IP6.ADDRESS[1]:                      1234:5678:102:3029:153:126:186:236/64
IP6.ADDRESS[2]:                      fe80::9ea3:baff:fe01:e73c/64
IP6.GATEWAY:                         fe80::1
IP6.DNS[1]:                          2401:2500::1
```

IPアドレス等を調べるのであれば、先に説明したifconfigコマンドやipコマンドを使ってもかまいません。

02-02 ホスト名の変更

ホスト名を変更するには、nmcli general hostnameコマンドを使います。

書式 **nmcli general hostname ホスト名**

ホスト名をcentos7.example.comに設定

```
# nmcli general hostname centos7.example.com
# hostname
centos7.example.com
```

または、hostnamectlコマンドを使ってもかまいません。

書式 **hostnamectl set-hostname ホスト名**

ホスト名をcentos7.example.comに設定

```
# hostnamectl set-hostname centos7.example.com
```

02-03 IPアドレスの設定

IPアドレスを設定する場合は、次の書式を使います。

```
nmcli connection modify ネットワークインターフェース名 ipv⏎
4.addresses IPアドレス
```

VPSにSSHでログインしている場合は試さないようにしてください。VPSにアクセスできなくなってしまいます*2。また、先に説明したとおり、グローバルIPアドレスを勝手に使うことはできませんし、プライベートIPアドレスをインターネット上で利用することもできません。

IPアドレスを192.168.0.10に変更

```
# nmcli connection modify "System eth0" ipv4.addresses 192.168.0.10/24
```

なお、固定IPアドレスを使わず、DHCPに設定する場合は次のようにします。また、connection部分は省略して「c」とすることができます。

IPアドレスをDHCPで設定

```
# nmcli c modify "System eth0" ipv4.addresses auto
```

注意 VPSに割り当てられているグローバルIPアドレスを変更しないでください。ここでは、あくまでnmcliコマンドの実行例として紹介しています。

*2 仮想コンソールを使って修正することになってしまいます。

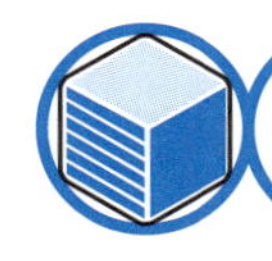

02-04 デフォルトDNSサーバーの設定

ホスト名を指定してネットワークアクセスをする場合などでは、ホスト名をIPアドレスに変換する作業が必要になります。ホスト名とIPアドレスの対応付けを行っているのがDNSです。DNSサーバーに問い合わせると、ホスト名とIPアドレスとの変換を行ってくれます。

問い合わせ先のDNSサーバーは、次のコマンドで変更または追加することができます。

書式

```
nmcli connection modify ネットワークインターフェース名 ipv4.dns IPアドレス
```

Googleが提供しているオープンなDNSサーバー（8.8.8.8）とするには、次のようにします。

DNSサーバーを8.8.8.8に設定

```
# nmcli c modify "System eth0" ipv4.dns 8.8.8.8
```

なお、設定を反映させるには、NetworkManagerの再起動が必要です。

NetworkManagerの再起動

```
# systemctl restart NetworkManager
```

02-05 ネットワークの疎通確認

ネットワークがつながっているかどうかの確認に使われる基本コマンドがpingです。pingコマンドを使うと、指定したホストに対して信号*3を送り、その反応を表示します。ネットワークがつながっていないか、指定したホストが稼働していない（ネットワークがダウンしている）と、反応が返ってきません。

書式 **ping [-c 回数] ホストまたはIPアドレス**

次の例では、172.17.42.1のホストに対して疎通確認を行っています。4回パケットを送り、いずれも反応が返ってきています。

172.17.42.1のホストに対して疎通確認

```
$ ping 172.17.42.1
PING 172.17.42.1 (172.17.42.1) 56(84) bytes of data.
64 bytes from 172.17.42.1: icmp_seq=1 ttl=64 time=0.060 ms
64 bytes from 172.17.42.1: icmp_seq=2 ttl=64 time=0.083 ms
64 bytes from 172.17.42.1: icmp_seq=3 ttl=64 time=0.096 ms
64 bytes from 172.17.42.1: icmp_seq=4 ttl=64 time=0.124 ms
^C ●―― Ctrl＋C で停止
--- 172.17.42.1 ping statistics ---
4 packets transmitted, 4 received, 0% packet loss, time 2999ms
rtt min/avg/max/mdev = 0.060/0.090/0.124/0.025 ms
```

Linuxのpingコマンドは、CtrlキーとCキーを同時に押すまで、確認のパケットが送られ続けます。-cオプションでパケットを送る回数を指定できます。

*3 ICMPという制御用のパケットが使われます。

172.17.42.2のホストに対して4回パケットを送る

```
$ ping -c 4 172.17.42.2
PING 172.17.42.2 (172.17.42.2) 56(84) bytes of data.
From 172.17.42.1 icmp_seq=1 Destination Host Unreachable
From 172.17.42.1 icmp_seq=2 Destination Host Unreachable
From 172.17.42.1 icmp_seq=3 Destination Host Unreachable
From 172.17.42.1 icmp_seq=4 Destination Host Unreachable

--- 172.17.42.2 ping statistics ---
4 packets transmitted, 0 received, +4 errors, 100% packet loss, time 2999ms
pipe 4
```

この例では、いずれも「Destination Host Unreachable」となっていて、宛先ホストに届いていません。その原因としては、

- ローカルホストまたは相手がネットワークにつながっていない
- 相手のシステムが起動していない
- 相手のネットワークサービスに問題がある
- 相手がpingに応答しないように設定されている
- 途中のファイヤウォールによって疎通確認が制限されている

といったことが考えられます。

注意　自分が管理しているホスト以外に対して安易にpingコマンドを実行しないようにしてください。攻撃のための予備調査をしているとみなされてしまうおそれがあります。

02-06 ツールを使ったネットワーク設定

CentOS 7では、nmtuiという対話型のツールを使ったネットワークの設定ができます。rootユーザーでnmtuiコマンドを実行すると、**図8**のような画面になります（**表3**）。

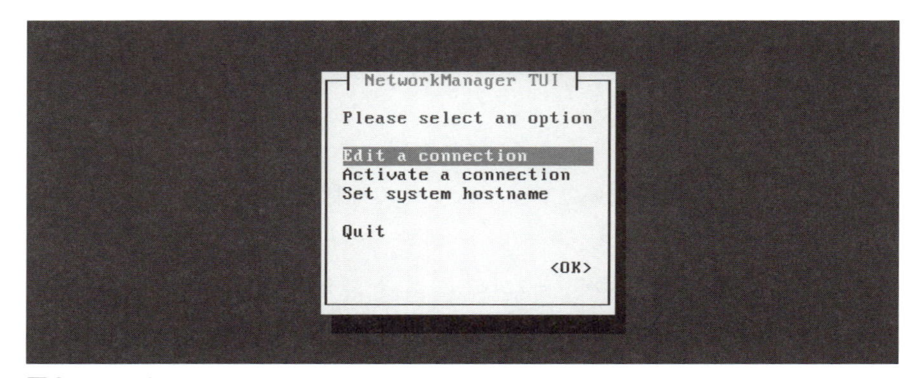

図8：nmtui

表3：nmtuiのメニュー

メニュー	説明
Edit a connection	ネットワークインターフェースの設定
Activate a connection	ネットワークインターフェースの有効化・無効化
Set system hostname	ホスト名の設定

マウスは使えませんので、キーボードで操作します。基本的には、マウス操作の代わりにTabキーかカーソルキーでハイライト部分を動かし、左クリックの代わりにEnterキーを押します（**表4**）。

表4：nmtuiコマンドのキー操作

キー操作	説明
Tab	選択箇所を次に移動
↑	選択箇所を下（次）に移動
↓	選択箇所を上（前）に移動
Enter	選択箇所を適用

例えば「Edit a connection」を選択すると、**図9**の画面になります。

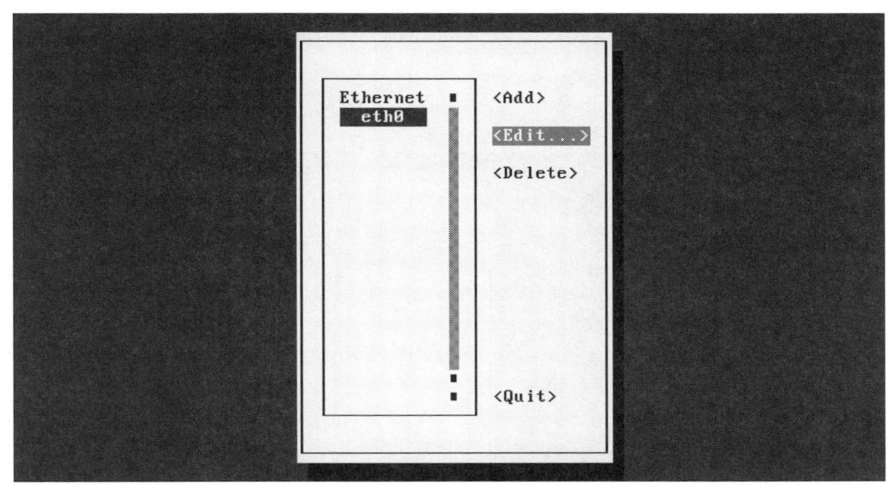

図9：ネットワークインターフェース選択画面

ネットワークインターフェースeth0が選択されているので、これを編集したい場合はTabキーを押して「<Edit...>」をハイライトさせ、Enterキーを押すと**図10**の画面になります。

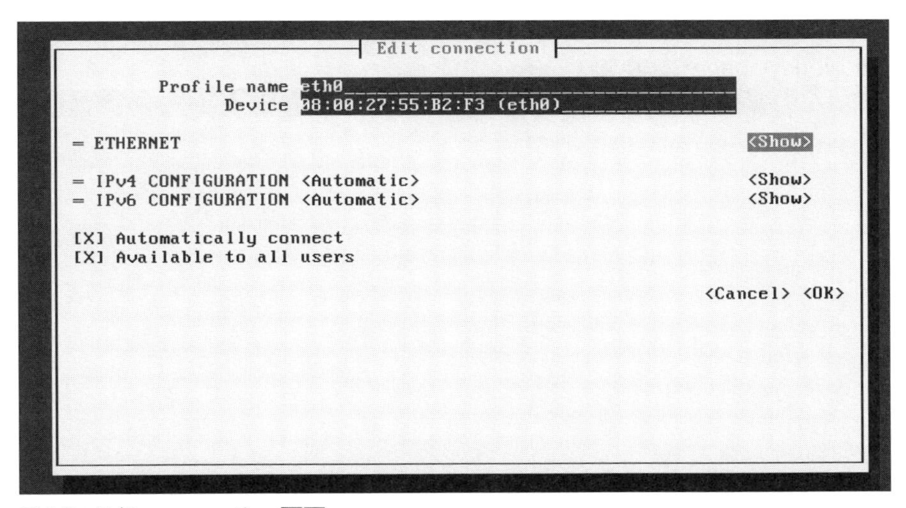

図10：Edit connection画面

Edit connection画面でネットワークインターフェースの設定が変更できます。変更後、変更を保存しないでこの画面から抜けるには「<Cancel>」を、変更を保存するには「<OK>」を選択します。

1つ前の画面に戻るので、「<Quit>」を選択して終了します（**図11**）。

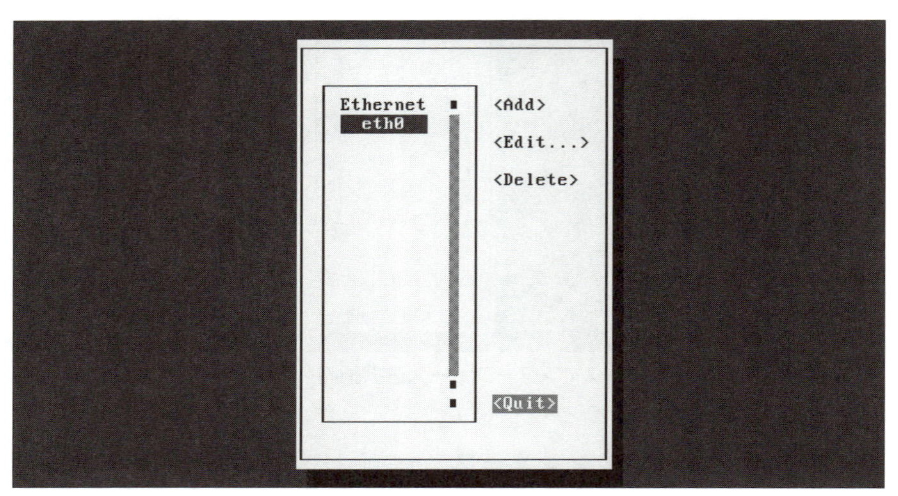

図11：ネットワークインターフェース選択画面

設定変更後は、次のコマンドを実行することで変更内容を反映できます。

NetworkManagerの再起動

```
# systemctl restart NetworkManager
```

5

サーバーを構築しよう

この章では、サーバー構築作業の流れ、Linuxのユーザー管理、パッケージの管理、基本的なサーバー管理コマンドを取り上げます。

01 サーバー構築とは

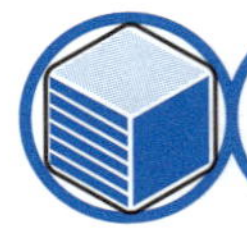

01-01 サーバー構築作業の概要

サーバーの構築作業には、大きく分けて3つの作業があります。

❶OSをインストールし設定する
❷必要なソフトウェアをインストールする
❸ソフトウェアを適切に設定する

OSのインストールと設定

第2章で取り上げたように、OSをサーバーハードウェア（もしくは仮想環境）にインストールします。また、インストール後に、セキュリティ設定やユーザーの追加など、サーバーの運用に必要な作業を行います。

必要なソフトウェアのインストール

OSに加えて、必要なサーバーソフトウェアやミドルウェア*1をインストールします。よく使われるのは次のようなソフトウェアです。

- Webサーバー（Apache、nginxなど）
- プログラミング言語（PHP、Ruby、Javaなど）
- データベース（MariaDB、MySQL、PostgreSQLなど）
- フレームワーク（Ruby on Rails、Symphony2、Djangoなど）

---

*1 OSとアプリケーションの間に入るソフトウェアで、データベース管理システムなどが相当します。

- CMS（WordPress、Mediawikiなど）

OSのインストール時に一括してインストールすることもできますが、その場合は不要なソフトウェアもインストールされてしまいがちなので、個別にインストールした方がよいでしょう。なぜなら、不要なソフトウェアは余計なセキュリティリスクを生み出すからです。サーバーには必要最小限のソフトウェアだけがインストールされているのが望ましいのです。

ソフトウェアの設定

インストールしたソフトウェアについて、個々に設定を行います。初期設定のままでは、セキュリティリスクが存在したり、日本語が正しく扱えなかったりするからです。設定をするには、個別に設定ファイルを編集する方法、ソフトウェアに付属するツールを実行する方法、初期設定コマンドを実行する方法など、さまざまな方法があります。

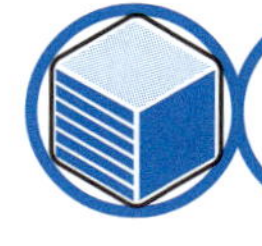

01-02 必要なソフトウェア

本書では、一般的なWebサーバー/CMSサーバーを構築していきます。ここで、必要となるソフトウェアを見ておきましょう。

Webサーバー

Webサーバーは、Webブラウザからの要求に応じてWebサイトのデータを送ります。本書では、Webサーバーとしてもっともシェアの大きいApache HTTP Server（Apache）を使うことにします。

WordPress

CMS（Contents Management System：コンテンツ管理システム）として高い人気を誇っているのがWordPressです。ブログを管理するソフトウェアとして知られていますが、ブログ以外の用途にも使えます。Word

PressＳを動かすには、Webサーバーに加え、プログラミング言語PHPと、MariaDBなどのデータベース管理システムが必要です。

PHP

Webアプリケーションを動かすプログラミング言語として、PHPはとても人気があります。WordPressもPHPで書かれているので、PHPをインストールしておかなければなりません。PHPは、現在主流のバージョン5系のほか、最新の7系もあります*2。CentOS 7ではバージョン5.6が採用されています。Webアプリケーションによっては、動作に必要なPHPのバージョンが指定されていることもあります。WordPressの場合、バージョン5.6以上が推奨されています。

MariaDB

Webアプリケーションが扱うデータは、データベースに格納されるのが一般的です。データベースを扱うソフトウェアがデータベース管理システム（DBMS：Database Management System）です。データベース管理システムは、商用のものではOracle DatabaseやMicrosoft SQL Serverが有名です。オープンソースのものでは、本書で扱うMariaDBのほか、MySQLやPostgreSQLなどがあります。なお、MariaDBはMySQLから派生したソフトウェアで、多くの点は共通しています。

＊2　バージョン6は開発が中止され欠番となりました。

02 ユーザー管理

02-01 管理者ユーザーと一般ユーザー

Linuxでは、通常の作業は一般ユーザーで行い、管理者権限が必要な時のみrootユーザーで作業をします。常にrootユーザーで作業をしていると、ちょっとした操作ミスがシステムに甚大な被害を与えてしまう恐れがあるからです。ログインして作業をしているとき、現在作業をしているのがrootユーザーなのか一般ユーザーなのかは、プロンプトを見れば分かります。

rootユーザーのプロンプト

```
[root@centos7 ~]#
```

一般ユーザーのプロンプト

```
[centuser@centos7 ~]$
```

rootユーザーの場合は、プロンプトの末尾が「#」になります。一般ユーザーの場合は「$」（シェルによっては「%」）と表示されます。CentOSの場合はプロンプトにユーザー名も含まれていますが、シェルの設定によっては表示されないこともあります。しかし、どのようなシェルでもrootユーザーのプロンプトが「#」である点は共通していますので、常にプロンプトに注意を払うようにしてください。多くの書籍でも、一般ユーザーで実行するのか、管理者権限が必要なのかを「$」「#」で表しています。

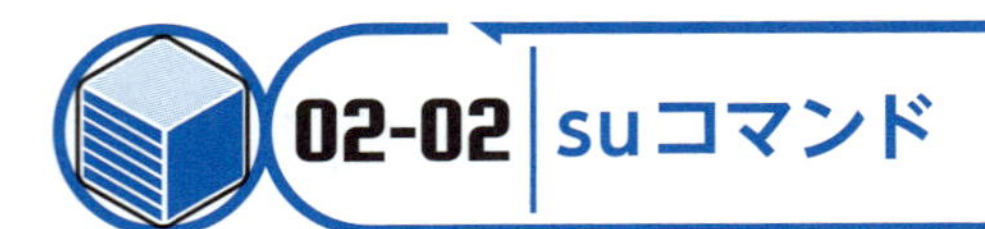

02-02 suコマンド

suコマンドを使うと、ログイン中に別のユーザーに切り替えることができます。

書式 **su [-] [ユーザー名]**

ユーザー名を指定すると、そのユーザーに切り替わります。ユーザー名を省略するとrootユーザーになります。

rootユーザーに切り替える

[centuser@centos7 ~]$ su
Password:
rootのパスワードを入力
[root@centos7 centuser]# pwd
/home/centuser
ただしカレントディレクトリは変わらない

オプション「-」を指定すると、ユーザー環境は新規にログインしたときと同じ状態になります。つまり、カレントディレクトリは当該ユーザーのホームディレクトリとなります。

rootユーザーとしてログインした状態にする

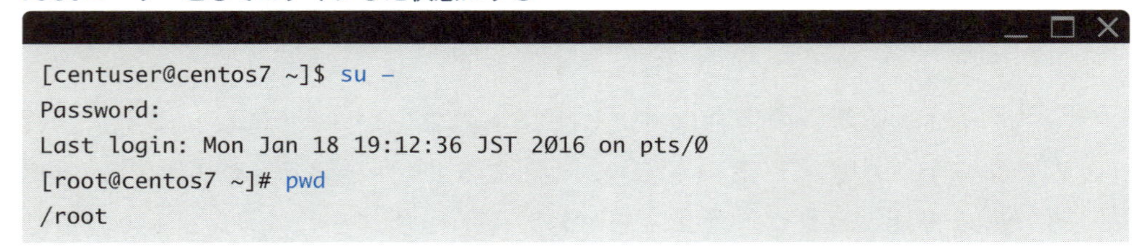
[centuser@centos7 ~]$ su -
Password:
Last login: Mon Jan 18 19:12:36 JST 2016 on pts/0
[root@centos7 ~]# pwd
/root

rootユーザーでログインしたのと同じ状態になっています。「-」をつけない場合は管理者コマンドが使えないなどの問題が生じることがあります*3。通常は「-」を付けてsuコマンドを実行するとよいでしょう。

suコマンドでユーザーを切り替えた場合、作業が終了したらexitコマンドで元のユーザーに戻ってください。

元のユーザーに戻す

```
[root@centos7 centuser]# exit
exit
[centuser@centos7 ~]$
```

注意　元のユーザーに「su - centuser」などで戻ったつもりにならないようにしてください。

02-03 sudoコマンド

suコマンドによるrootユーザーへの切り替えは、セキュリティ的に好ましくありません。いったんrootユーザーになると、システム全般を操作できる強大な権限が得られてしまいます。また、管理者権限が必要なユーザーすべてにrootユーザーのパスワードを教えておかなければなりません。rootのパスワードが漏洩するリスクが高まるほか、パスワード変更の連絡も煩雑になります。

そこでsudoコマンドです。sudoコマンドを使えば、任意の管理者コマンドを、任意のユーザーに対してのみ許可することができます。たとえば、centuserユーザーにはシステムの再起動のみ許可する、といった風にです。その際、rootユーザーのパスワードが求められない点もsudoコマンドのメリットです。

*3 管理者コマンドへのパスが通っていないことが原因です。本書では詳細に触れませんが、ユーザー環境も含めて切り替える場合は「-」を付けると考えてください。

sudoコマンドを使う前に、あらかじめ設定が必要です。設定ファイルは/etc/sudoersですが、このファイルを編集してはいけません。visudoコマンドを使って設定します。rootユーザーでvisudoコマンドを実行すると、viエディタ（Vim）を使って/etc/sudoersが開かれ、次のような内容が表示されます。

visudoコマンドを実行

```
## Sudoers allows particular users to run various commands as
## the root user, without needing the root password.
##
## Examples are provided at the bottom of the file for collections
## of related commands, which can then be delegated out to particular
## users or groups.
##
## This file must be edited with the 'visudo' command.

## Host Aliases
## Groups of machines. You may prefer to use hostnames (perhaps using
## wildcards for entire domains) or IP addresses instead.
# Host_Alias     FILESERVERS = fs1, fs2
# Host_Alias     MAILSERVERS = smtp, smtp2

## User Aliases
## These aren't often necessary, as you can use regular groups
## (ie, from files, LDAP, NIS, etc) in this file - just use %groupname
## rather than USERALIAS
# User_Alias ADMINS = jsmith, mikem


## Command Aliases
## These are groups of related commands...

## Networking
# Cmnd_Alias NETWORKING = /sbin/route, /sbin/ifconfig, /bin/ping, /sbin/dhcli⏎
ent, /usr/bin/net, /sbin/iptables, /usr/bin/rfcomm, /usr/bin/wvdial, /sbin/iw⏎
config, /sbin/mii-tool

## Installation and management of software
# Cmnd_Alias SOFTWARE = /bin/rpm, /usr/bin/up2date, /usr/bin/yum
```

```
## Services
@
"/etc/sudoers.tmp" 120L, 4212C
```

nanoエディタで編集したいときは（本書ではこちらを推奨）、次のコマンドを実行してください。

nanoエディタで/etc/sudoersを編集

```
# EDITOR=nano visudo
```

末尾まで移動し、最後の行で「centuser　ALL=(ALL)　ALL」のように入力します。ユーザー名（centuser）の部分は皆さんがインストール時に作成したユーザー名に置き換えてください。

書式　**ユーザー名　ホスト名=(実行ユーザー名)　許可するコマンド**

sudoの設定を追加

```
## Read drop-in files from /etc/sudoers.d (the # here does not mean a comment)
#includedir /etc/sudoers.d

centuser ALL=(ALL) ALL ●――― この行を追加
```

変更を保存して終了するとsudoコマンドが使えるようになります。sudoコマンドは、実行したいコマンドの前につけて実行します。例えば、shutdownコマンドでシステムを再起動するには、次のようにします。

sudoコマンドを使ってshutdownコマンドを実行

```
$ sudo shutdown -r now
[sudo] password for centuser: ●――― centuserユーザーのパスワードを入力
```

パスワードを尋ねられますが、rootユーザーのパスワードではなく、sudoコマンドを実行したユーザーのパスワードである点に注意してください。パスワードが正しければshutdownコマンドが実行されます。一度パスワードが認証されると、その後5分間は再入力しなくてすみます。

以降、本書では、rootユーザー権限が必要なコマンドの実行については、sudoコマンドを使うことにします。

Column sudoのログ

sudoコマンドのメリットは、ユーザーごとに実行できるコマンドを細かく指定できる、rootユーザーのパスワードを共有する必要がない、といった点に加えて、ユーザーが何をしたかという記録を残せる点もあります。例えば、認証関係のログが格納される/var/log/secureファイルの一部を見てみましょう。

sudoコマンドを実行したときのログ

```
May  1 23:59:44 host01 sudo: centuser : TTY=pts/0 ; PWD=/home/centuser ⏎
; USER=root ; COMMAND=/bin/less /var/log/secure
```

この例では、centuserユーザーがsudoコマンドを使って「/bin/less /var/log/secure」、つまりlessコマンドを使って/var/log/secureファイルを閲覧した、ということが分かります。誰がどんな作業をしたか、という記録はとても大切ですので、とりわけ複数のユーザーでサーバーを管理するケースでは、できる限りsudoコマンドを使うようにしてください。

03 ソフトウェアのインストールとアップデート

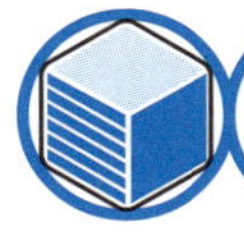

03-01 ソフトウェアのインストール

Linuxではパッケージという単位でソフトウェアを管理します。パッケージの種類は何種類かありますが、CentOSではRPMというパッケージ方式を採用しています。RPMを採用しているディストリビューションには、CentOSのほか、Red Hat Enterprise Linux、Fedora、openSUSEなどがありますが、基本的には他のディストリビューションのRPMパッケージは利用できないと考えてください。システムのライブラリや他のソフトウェアと相互に絡み合っているからです（依存関係）。

RPMパッケージを管理するにはrpmというコマンドを使いますが、パッケージには相互に依存関係があり、手動で管理するのは骨が折れます。そこでCentOSでは、YUM*4というシステムを採用し、インターネット経由でソフトウェアをインストールしたりアップデートしたりすることができるようになっています。

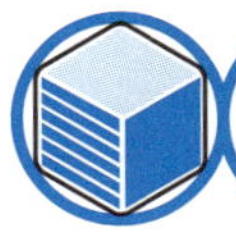

03-02 ソフトウェアのアップデート

ソフトウェアは日々更新されています。機能追加、バグ修正のほか、重要なセキュリティアップデートもあります。YUMを使ってインストール

*4 Yellowdog Updater Modified。もとはYellowdog Linuxというディストリビューション用のパッケージ管理システム。

したソフトウェアは、yumコマンドを使って一括してアップデートできます。

書式 **yum [-y] update**

以下のように途中で質問に「y」（yes）と回答する必要がありますが、yumコマンドに-yオプションをつけておくと自動的に回答してくれます。

システム全体のアップデート

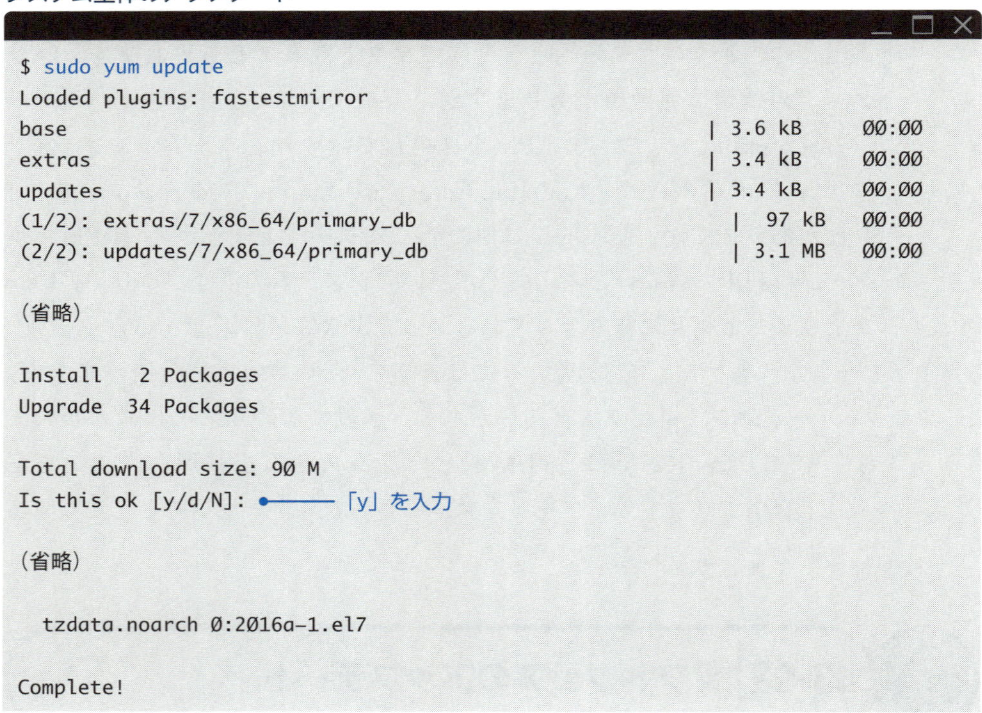

$ sudo yum update
Loaded plugins: fastestmirror
base | 3.6 kB 00:00
extras | 3.4 kB 00:00
updates | 3.4 kB 00:00
(1/2): extras/7/x86_64/primary_db | 97 kB 00:00
(2/2): updates/7/x86_64/primary_db | 3.1 MB 00:00
（省略）
Install 2 Packages
Upgrade 34 Packages
Total download size: 90 M
Is this ok [y/d/N]:
「y」を入力
（省略）
tzdata.noarch 0:2016a-1.el7
Complete!

これでシステム全体が最新になりました。

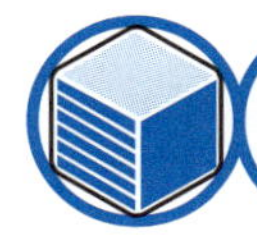

03-03 OSの自動アップデート

yumコマンドを使ったアップデートは手動による操作が必要です。ソフトウェアのアップデートは毎日のようにありますので、その都度Linuxサーバーにログインしてyumコマンドを実行するのは骨が折れます。それだけでなく、アップデートを忘れてしまうと、攻撃を受けてサーバーに侵入されたりデータを破壊されたりしてしまう恐れもあります。

Linuxでは、crontabという仕組みを使って、タスクを定期的・自動的に実行させることができます。YUMを使ったシステムアップデートを自動で処理するには、yum-cronというパッケージをインストールします。

yum-cronパッケージのインストール

```
$ sudo yum -y install yum-cron
```

次に、設定ファイル/etc/yum/yum-cron.confを編集します。

nanoで/etc/yum/yum-cron.confを編集

```
$ sudo nano /etc/yum/yum-cron.conf
```

20行目にある以下の設定が「no」になっていますので「yes」に書き換えます。

リスト1：/etc/yum/yum-cron.conf

```
apply_updates = yes
```

最後に、次のコマンドでyum-cronサービスを起動し、次回にシステムを起動したときにも自動的に起動するようにしておきます。systemctlコマンドについては次の節（P.123）で解説します。

yum-cronサービスを起動し、自動起動も有効にする

```
$ sudo systemctl start yum-cron.service
$ sudo systemctl enable yum-cron.service
```

参考　アップデートするパッケージによっては、それまで正常に動いていたWebアプリケーションが動かなくなる、といった不具合が生じる可能性があります。yum-cronによる自動アップデートをセキュリティアップデートに限定したい場合は、/etc/yum/yum-cron.confファイル内で「update_cmd = default」となっている箇所の「default」を「security」もしくは「minimal-security」に変更してください。

Column DNF

CentOSやFedoraはこれまでパッケージ管理システムとしてYUMを使ってきましたが、FedoraではFedora 22よりYUMの後継システムであるパッケージ管理システムDNFに変更されました。DNFになったシステムでは、yumコマンドがdnfコマンドに変更されます。CentOSも、おそらく次期バージョン（CentOS 8）からDNFに移行すると思われます。

04 基本的なサーバー管理

04-01 システム負荷の確認

サーバーが十分に仕事をこなしきれているかどうかは気になるところです。uptimeコマンドを実行すると、システム負荷を見ることができます。

システム負荷の確認

```
$ uptime
 04:38:37 up 1 day,  9:01,  1 user,  load average: 0.00, 0.16, 0.22
```

load averageの欄に着目してください。3つの数値が並んでいますが、これは過去1分間、5分間、15分間におけるシステム負荷を示しています。この数値がCPU数（CPUコア数）以下であれば、おおむね問題ありません。例えばCPUコア数が2のサーバーであれば、2.00が目安です。その目安を超える数値が、一時的ではなくずっと続いているようであれば、サーバーのスペックが足りていないと考えられます。サーバー上で稼働している処理を見直して軽くするか、ハードウェアを増強するか（VPSであれば、より高性能のプランに変更するか）を検討する必要があるでしょう。

04-02 ディスクの使用状況の確認

ディスクの使用状況を調べるには、dfコマンドを実行します。

ディスクの使用状況の確認

```
$ df
Filesystem                      1K-blocks    Used Available Use% Mounted on
/dev/mapper/centos_xxxxxx-root   52403200 1824088  50579112   4% /
devtmpfs                           497400       0    497400   0% /dev
tmpfs                              508388       0    508388   0% /dev/shm
tmpfs                              508388    6664    501724   2% /run
tmpfs                              508388       0    508388   0% /sys/fs/cgroup
/dev/mapper/centos_xxxxxx-home   49758476   33976  49724500   1% /home
/dev/vda1                          508588  172172    336416  34% /boot
tmpfs                              101680       0    101680   0% /run/user/1000
```

ファイルシステム（パーティション）ごとに表示されます。オプションを付けないとK（キロ）バイト単位で表示されて見づらいので、M（メガ）、G（ギガ）といった単位で表示してくれる-hオプションを付けて実行しましょう。

読みやすい単位でディスクの使用状況を表示

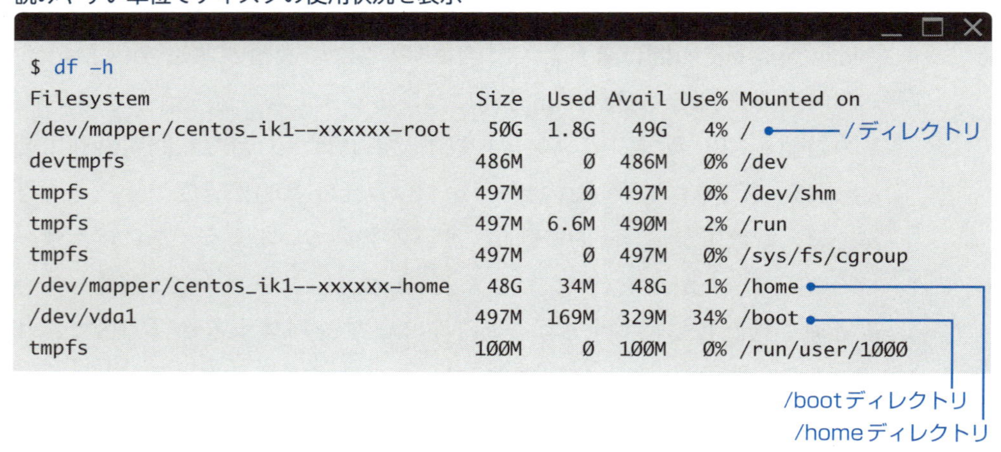

```
$ df -h
Filesystem                           Size  Used Avail Use% Mounted on
/dev/mapper/centos_ik1--xxxxxx-root   50G  1.8G   49G   4% /
devtmpfs                             486M     0  486M   0% /dev
tmpfs                                497M     0  497M   0% /dev/shm
tmpfs                                497M  6.6M  490M   2% /run
tmpfs                                497M     0  497M   0% /sys/fs/cgroup
/dev/mapper/centos_ik1--xxxxxx-home   48G   34M   48G   1% /home
/dev/vda1                            497M  169M  329M  34% /boot
tmpfs                                100M     0  100M   0% /run/user/1000
```


左側にtmpfsという文字が含まれる行は仮想的なファイルシステムなので、ここでは無視してかまいません。デフォルトのインストールでは、ファイルシステムは「/ディレクトリ」「/homeディレクトリ」「/bootディレクトリ」の3つに分けられています。それぞれ「Used」欄には利用中のサイズが、「Avail」欄にはファイルシステムの使用可能なスペースのサイズが、「Use%」欄には利用率が表示されます。いずれも十分に余裕があることが分かります*5。

04-03 メモリとスワップの確認

freeコマンドを実行すると、メモリとスワップの使用状況が確認できます（次ページの**表1**参照）。スワップは仮想的なメモリで、物理メモリが不足した際に使われるディスク上の領域です。

メモリとスワップの確認

```
$ free
              total        used        free      shared  buff/cache   available
Mem:        1016780       98360      312656        6644      605764      722656
Swap:       2129916          28     2129888
```

kバイト単位では見づらいので、ここでも見やすい単位で表示する-hオプションを付けます。

Memがメモリ、Swapはスワップの利用状況です。

メモリとスワップを見やすい単位で表示

```
$ free -h
              total        used        free      shared  buff/cache   available
Mem:           992M         96M        305M        6.5M        591M        705M
Swap:          2.0G         28K        2.0G
```

＊5　/bootはシステム運用中ほとんど容量は増えません。

表1：freeの表示項目

項目	説明
total	合計メモリ（スワップ）
used	利用中のメモリ（スワップ）
free	使われていないメモリ（スワップ）
shared	仮想的な共有メモリ
buff/cache	バッファおよびキャッシュ
available	アプリケーション起動時にスワップなしで使えるメモリ

Linuxでは、メモリが不足するとスワップが使われ始めます。スワップが常態で使われているようであれば、メモリが不足していると考えられます。その場合、システムのパフォーマンスは大きく低下しているはずです。メモリが余っていると、自動的にキャッシュに回されます。1回の計測だけで判断せず、定期的に測定してから判断するようにしてください。

参考 メモリとディスクのアクセス速度の差を小さくするのがバッファやキャッシュです。Linuxでは、ディスクへデータを書き込むとき、いったんメモリ上のバッファ領域に書き込んだ時点で書き込み完了とし、後からバックグラウンドで実際にディスクへ書き込みます。また、ディスクからいったん読み出したデータをメモリ上に残しておき、同じデータが再度アクセスされた場合はメモリ上のデータを利用することでパフォーマンスを高めます（キャッシュ）。

04-04 実行中のプロセスの確認

Linuxでは、実行中のプログラムをプロセスという単位で扱います。プロセスを表示するpsコマンドにauxオプションを付けて実行すると、システム上で実行されているすべてのプロセスが表示されます。オプションに「-」を付けない点に注意してください。

実行中の全プロセスを表示

```
$ ps aux
USER       PID %CPU %MEM   VSZ  RSS TTY      STAT START   TIME COMMAND
root         1  0.0  0.6 43716 6152 ?        Ss   Jan27   0:05 /usr/lib/syst⏎
emd/systemd --system --deserialize 25
root         2  0.0  0.0     0    0 ?        S    Jan27   0:00 [kthreadd]
root         3  0.0  0.0     0    0 ?        S    Jan27   0:00 [ksoftirqd/0]
root         5  0.0  0.0     0    0 ?        S<   Jan27   0:00 [kworker/0:0H]
root         6  0.0  0.0     0    0 ?        S    Jan27   0:00 [kworker/u4:0]
root         7  0.0  0.0     0    0 ?        S    Jan27   0:00 [migration/0]
root         8  0.0  0.0     0    0 ?        S    Jan27   0:00 [rcu_bh]
root         9  0.0  0.0     0    0 ?        S    Jan27   0:00 [rcuob/0]
root        10  0.0  0.0     0    0 ?        S    Jan27   0:00 [rcuob/1]
root        11  0.0  0.0     0    0 ?        S    Jan27   0:15 [rcu_sched]
root        12  0.0  0.0     0    0 ?        S    Jan27   0:01 [rcuos/0]
root        13  0.0  0.0     0    0 ?        S    Jan27   0:19 [rcuos/1]

(以下省略)
```

多数のプロセスが動作しているのが分かります。じっくり確認したい場合は、lessコマンドを使いましょう。

プロセス情報をlessで確認

```
$ ps aux | less
```

特定の名前のプロセスだけを確認したい場合は、grepコマンドを使って絞り込みましょう。grepコマンドは、指定した文字列が含まれる行だけを抜き出すコマンドです。次の例では、psコマンドの実行結果から「ssh」という文字列が含まれる行だけを抜き出しています[*6]。

＊6　最後の行にはgrepコマンド自身も含まれています。

sshという文字列が含まれるプロセス情報のみを表示

```
$ ps aux | grep ssh
root       1273  0.0  0.3  82548  3588 ?        Ss   Jan27   0:00 /usr/sbin/sshd -D
root       3628  0.0  0.4 140776  5020 ?        Ss   04:14   0:00 sshd: centuser [priv]
centuser   3632  0.0  0.2 140776  2252 ?        S    04:14   0:00 sshd: centuser@pts/0
centuser 24541  0.0  0.0 112644   960 pts/0    R+   04:48   0:00 grep --color=auto ssh
```

04-05 システムの状態をモニタ

システムの状態をモニタしていたいときにはtopコマンドを使います。topコマンドを実行すると、画面が次のように変わります。

topコマンドの実行

```
$ top
```

topコマンド実行中の画面

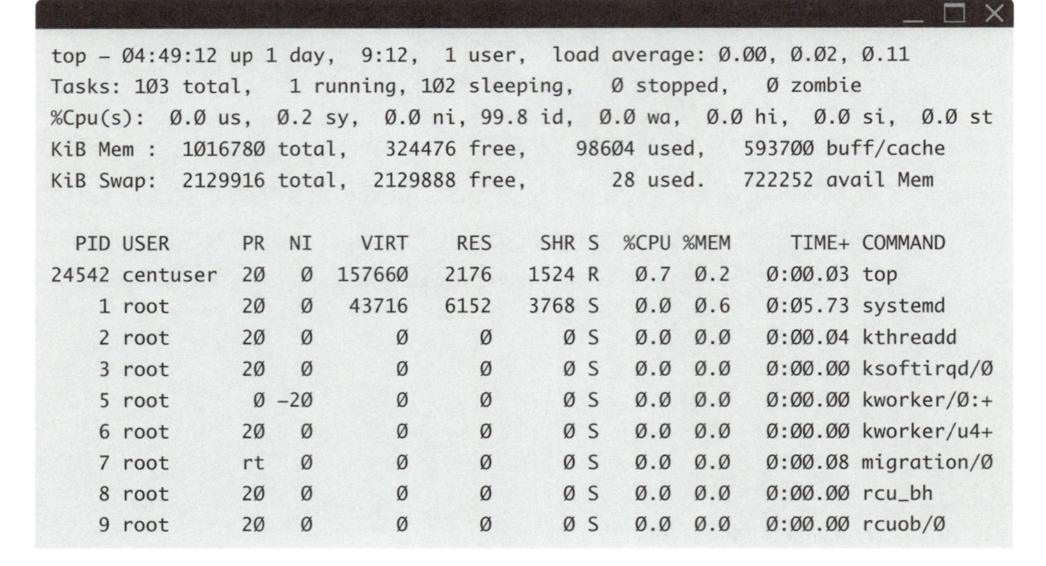

```
top - 04:49:12 up 1 day,  9:12,  1 user,  load average: 0.00, 0.02, 0.11
Tasks: 103 total,   1 running, 102 sleeping,   0 stopped,   0 zombie
%Cpu(s):  0.0 us,  0.2 sy,  0.0 ni, 99.8 id,  0.0 wa,  0.0 hi,  0.0 si,  0.0 st
KiB Mem :  1016780 total,   324476 free,    98604 used,   593700 buff/cache
KiB Swap:  2129916 total,  2129888 free,       28 used.   722252 avail Mem

  PID USER      PR  NI    VIRT    RES    SHR S  %CPU %MEM     TIME+ COMMAND
24542 centuser  20   0  157660   2176   1524 R   0.7  0.2   0:00.03 top
    1 root      20   0   43716   6152   3768 S   0.0  0.6   0:05.73 systemd
    2 root      20   0       0      0      0 S   0.0  0.0   0:00.04 kthreadd
    3 root      20   0       0      0      0 S   0.0  0.0   0:00.00 ksoftirqd/0
    5 root       0 -20       0      0      0 S   0.0  0.0   0:00.00 kworker/0:+
    6 root      20   0       0      0      0 S   0.0  0.0   0:00.00 kworker/u4+
    7 root      rt   0       0      0      0 S   0.0  0.0   0:00.08 migration/0
    8 root      20   0       0      0      0 S   0.0  0.0   0:00.00 rcu_bh
    9 root      20   0       0      0      0 S   0.0  0.0   0:00.00 rcuob/0
```

```
10 root      20   0       0      0      0 S  0.0  0.0   0:00.00 rcuob/1
11 root      20   0       0      0      0 S  0.0  0.0   0:15.59 rcu_sched
12 root      20   0       0      0      0 S  0.0  0.0   0:01.68 rcuos/0
13 root      20   0       0      0      0 S  0.0  0.0   0:19.39 rcuos/1
14 root      rt   0       0      0      0 S  0.0  0.0   0:01.07 watchdog/0
15 root      rt   0       0      0      0 S  0.0  0.0   0:00.81 watchdog/1
16 root      rt   0       0      0      0 S  0.0  0.0   0:00.08 migration/1
17 root      20   0       0      0      0 S  0.0  0.0   0:00.06 ksoftirqd/1
20 root       0 -20       0      0      0 S  0.0  0.0   0:00.00 khelper
21 root      20   0       0      0      0 S  0.0  0.0   0:00.00 kdevtmpfs
22 root       0 -20       0      0      0 S  0.0  0.0   0:00.00 netns
23 root       0 -20       0      0      0 S  0.0  0.0   0:00.00 perf
24 root       0 -20       0      0      0 S  0.0  0.0   0:00.00 writeback
25 root       0 -20       0      0      0 S  0.0  0.0   0:00.00 kintegrityd
26 root       0 -20       0      0      0 S  0.0  0.0   0:00.00 bioset
27 root       0 -20       0      0      0 S  0.0  0.0   0:00.00 kblockd
28 root       0 -20       0      0      0 S  0.0  0.0   0:00.00 md
33 root      20   0       0      0      0 S  0.0  0.0   0:00.04 khungtaskd
34 root      20   0       0      0      0 S  0.0  0.0   0:00.08 kswapd0
35 root      25   5       0      0      0 S  0.0  0.0   0:00.00 ksmd
```

1行目はuptimeコマンドの、4〜5行目はfreeコマンドの、6行目以降はpsコマンドの実行結果と同様の情報が表示されています。これらの情報は3秒間隔で更新されます。終了するにはqキーを押します。

04-06 サービスの管理

サービスというのは、OS本体から切り離し可能な、何らかの役割を持ったサブシステムのことです。ログ管理サービスやネットワークサービス、各種サーバープログラムなどがサービスにあたります。サービスを管理するにはsystemctlコマンドを使います。systemctlコマンドの主なサブコマンドを**表2**に示します。

書式 **systemctl サブコマンド サービス名**

表2：systemctlコマンドの主なサブコマンド

サブコマンド	説明
start	サービスを開始する
stop	サービスを停止する
restart	サービスを再起動する
enable	システム起動時にサービスを自動的に開始する
disable	システム起動時にサービスが自動的に開始しないようにする
status	サービスの状態を表示する

メールサーバーPostfixで使い方を説明しましょう。

Postfixサービスの状態を表示する

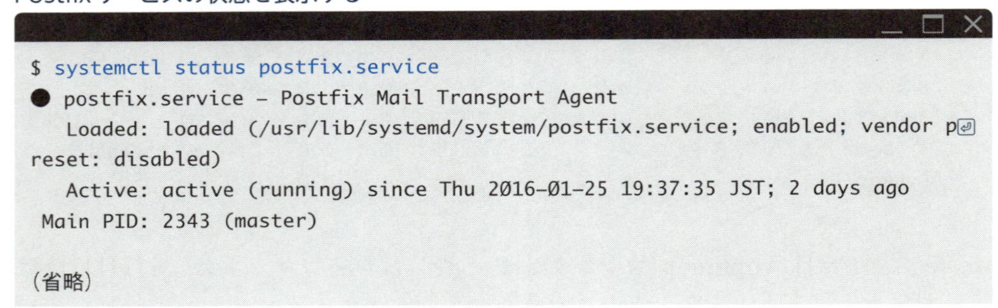

```
$ systemctl status postfix.service
● postfix.service - Postfix Mail Transport Agent
   Loaded: loaded (/usr/lib/systemd/system/postfix.service; enabled; vendor p⏎
reset: disabled)
   Active: active (running) since Thu 2016-01-25 19:37:35 JST; 2 days ago
 Main PID: 2343 (master)

（省略）
```

Postfixサービス（postfix.service）は動作（running）しています。次のコマンドで停止します。管理者権限が必要なのでsudoコマンドを使います。

Postfixサービスを停止する

```
$ sudo systemctl stop postfix.service
```

次のコマンドで起動します。

Postfixサービスを開始する

```
$ sudo systemctl start postfix.service
```

システム起動時に、自動的にPostfixが起動するようにしたい場合は、次のようにします（CentOS 7では自動的に起動するようになっています）。

Postfixサービスを自動起動する

```
$ sudo systemctl enable postfix.service
```

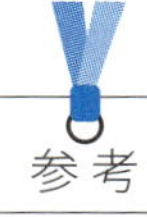

参考　サービス名を指定する際「.service」は、省略できるケースがほとんどです。

システムではたくさんのサービスが複雑に連係して動作しています。主なサービスを**表3**に示します。理解が不十分なうちは、不用意にサービスを停止しないようにしてください。

表3：主なサービス

サービス名	説明
firewalld.service	ファイヤウォールサービス
crond.service	スケジュール処理サービス
cups.service	印刷サービス
postfix.service	Postfixメールサーバー
rsyslog.service	システムログサービス
sshd.service	SSHサーバー
httpd.service	Apache Webサーバー

参考　systemctlはsystemdという、比較的最近になってCentOSに採用されたサービス管理・起動管理の仕組みで利用するコマンドです。以前のCentOSでは、serviceコマンドを使ってサービス管理を行っていました。

04-07 スケジュールの管理

Linuxのシステム管理では、バックアップなど定期的に実施すべきメンテナンス作業があります。指定したコマンドを定期的に実行する仕組みとしてcronがあり、crontabコマンドで管理します（**表4**）。1日に1回、1時間に1回、といった処理を自動的に実行する場合に使われます。

crontabコマンドを実行すると、コマンドの実行スケジュールをエディタ

（デフォルトはviエディタ）で編集できるようになりますので書式にしたがって設定を書き込みます（**表4**）。

表4：crontabコマンドのオプション

オプション	説明
-e	スケジュール設定を編集する
-l	スケジュール設定を表示する
-r	すべてのスケジュール設定を削除する

書式　**crontab [オプション]**

viエディタではなく、nanoエディタで編集したい場合は（本書ではこちらを推奨）、コマンド前に「EDITOR=nano」を付けてください。

スケジュール設定を編集

```
$ EDITOR=nano crontab -e
```

すると、スケジュール設定が編集できるようになるので（最初は何も書かれていません）、以下の書式に従って設定します。

書式　**分　時　日　月　曜日　実行コマンド**

実行スケジュールの書き方を**表5**に示します。指定した日時にマッチしたときコマンドが実行されます。「*」はすべてにマッチするワイルドカードです。

表5：crontabコマンドでの日時指定例

日時指定例	説明
3 * * * *	毎時3分
30 23 * * *	毎日23時30分
30 23 1 * *	毎月1日23時30分
30 23 1 1 *	1月1日23時30分
30 23 * * 0	毎週日曜23時30分（0：日曜～6：土曜）
*/5 * * * *	5分ごと

リスト2に設定例を示します。

リスト2：スケジュール設定の記述例

```
* * * * * /usr/bin/uptime >> /tmp/uptime.log
```

この設定例はすべてのフィールドが「*」なので、crontabの最小単位である1分ごとにuptimeコマンドが実行されます。しばらく時間をおいてから出力先のファイルを見てみましょう。

crontabの出力先ファイルを確認

```
$ cat /tmp/uptime.log
 04:58:01 up 2 days,  9:21,  1 user,  load average: 0.00, 0.01, 0.05
 04:59:01 up 2 days,  9:22,  1 user,  load average: 0.00, 0.01, 0.05
 05:00:01 up 2 days,  9:23,  1 user,  load average: 0.00, 0.01, 0.05
 05:01:01 up 2 days,  9:24,  1 user,  load average: 0.00, 0.01, 0.05
 05:02:02 up 2 days,  9:25,  1 user,  load average: 0.00, 0.01, 0.05
```

スケジュール設定を削除するには次のコマンドを実行します。

スケジュール設定を削除

```
$ crontab -r
```

指定したコマンドは、crontabコマンドを実行したユーザーの権限で実行されます。つまり管理者権限が必要なコマンドを一般ユーザーで予約しても、実際には実行できませんので注意してください。

システム全体のスケジュール設定は、rootユーザーでcrontabコマンドを実行するほか、設定ファイルを記述する方法もあります。インストールしたプログラムによって自動的に設定ファイルが作成される場合もあります（**表6**）。

表6：cron関連の設定ファイルおよびディレクトリ

設定ファイル・ディレクトリ	説明
/etc/crontab	システム全体のスケジュール
/etc/cron.d/	個別の設定ファイルを格納するディレクトリ
/etc/cron.hourly/	1時間ごとに実行する設定ファイルを格納するディレクトリ
/etc/cron.daily/	1日ごとに実行する設定ファイルを格納するディレクトリ
/etc/cron.weekly/	1週間ごとに実行する設定ファイルを格納するディレクトリ
/etc/cron.monthly/	1ヶ月ごとに実行する設定ファイルを格納するディレクトリ

/etc/crontabファイルは**リスト3**のようになっています。全般的な環境の設定と、スケジュール設定の書き方が載っています。crontabコマンドでの設定と違うのは、実行コマンドの前に実行ユーザーを指定する欄があることです（crontabコマンドではcrontabコマンドを実行したユーザーの権限でコマンドが実行されます）。

リスト3：/etc/crontabファイル

```
SHELL=/bin/bash
PATH=/sbin:/bin:/usr/sbin:/usr/bin
MAILTO=root

# For details see man 4 crontabs

# Example of job definition:
# .---------------- minute (0 - 59)
# |  .------------- hour (0 - 23)
# |  |  .---------- day of month (1 - 31)
# |  |  |  .------- month (1 - 12) OR jan,feb,mar,apr ...
# |  |  |  |  .---- day of week (0 - 6) (Sunday=0 or 7) OR sun,mon,tue,wed,thu,fri,sat
# |  |  |  |  |
# *  *  *  *  * user-name  command to be executed
```

Column **anacron**

CentOSでは、anacronというスケジュール実行の仕組みも使われています。cronでは、システムが停止中に過ぎ去ってしまったスケジュールを後から実行することはありませんが、anacronならそうした事態に対応できます。また、/etc/cron.daily/、/etc/cron.weekly/、/etc/cron.monthly/以下のスケジュールは、cronによって起動されたanacronが実行します。anacronは、cronのように分単位で指定することはできませんが、指定した範囲内でタイミングをずらして実行してくれます。たくさんのサーバーでいっせいに同じ処理が走ると、ネットワークや共有ディスクに過大な負荷がかかってしまいますが、anacronならそれを回避できるわけです。

04-08 時刻の管理

サーバーでは、システムの時刻が正確であることが求められます。時刻がずれていると、ログに記録される時刻があてにならず、他のサーバーとのやりとりでエラーが発生することがあります。CentOS 7では、インターネット経由で時刻を正確に合わせるNTPという仕組みを使って、サーバーの時刻を自動的に調整しています。そのためのサービスはchronydです。chronydサービスの状態を確認してみましょう。

chronydサービスの状態を確認

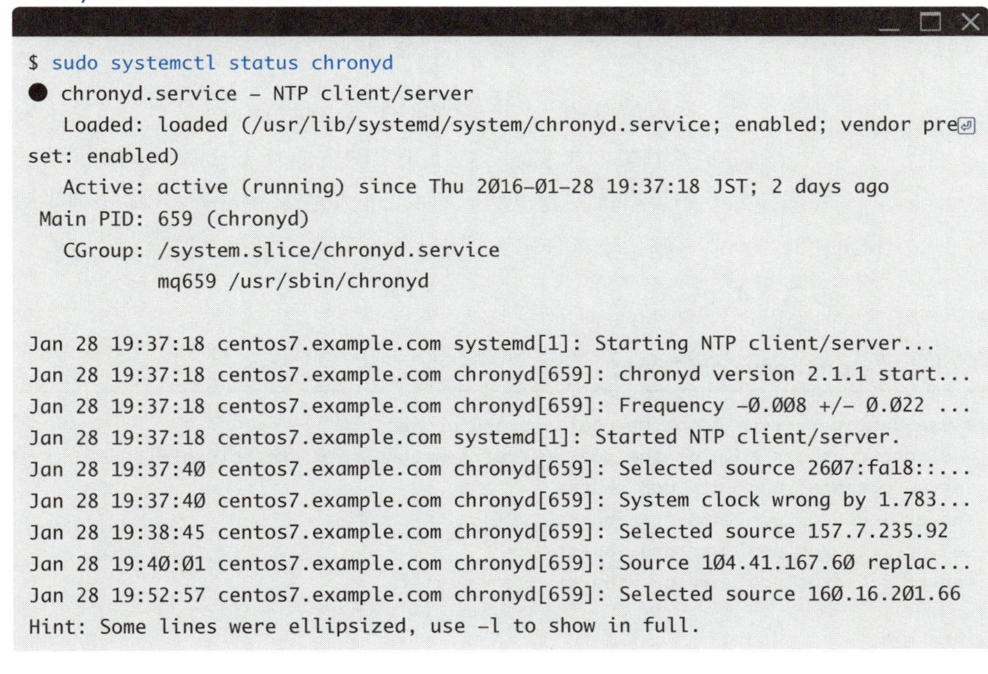

```
$ sudo systemctl status chronyd
● chronyd.service - NTP client/server
   Loaded: loaded (/usr/lib/systemd/system/chronyd.service; enabled; vendor pre⏎
set: enabled)
   Active: active (running) since Thu 2016-01-28 19:37:18 JST; 2 days ago
 Main PID: 659 (chronyd)
   CGroup: /system.slice/chronyd.service
           mq659 /usr/sbin/chronyd

Jan 28 19:37:18 centos7.example.com systemd[1]: Starting NTP client/server...
Jan 28 19:37:18 centos7.example.com chronyd[659]: chronyd version 2.1.1 start...
Jan 28 19:37:18 centos7.example.com chronyd[659]: Frequency -0.008 +/- 0.022 ...
Jan 28 19:37:18 centos7.example.com systemd[1]: Started NTP client/server.
Jan 28 19:37:40 centos7.example.com chronyd[659]: Selected source 2607:fa18::...
Jan 28 19:37:40 centos7.example.com chronyd[659]: System clock wrong by 1.783...
Jan 28 19:38:45 centos7.example.com chronyd[659]: Selected source 157.7.235.92
Jan 28 19:40:01 centos7.example.com chronyd[659]: Source 104.41.167.60 replac...
Jan 28 19:52:57 centos7.example.com chronyd[659]: Selected source 160.16.201.66
Hint: Some lines were ellipsized, use -l to show in full.
```

このように表示されれば、chronydサービスは稼働しています。

時刻同期の状況もあわせて確認してみましょう。左側で「*」マークのある行が、同期しているNTPサーバーです。

chronydサービスの確認

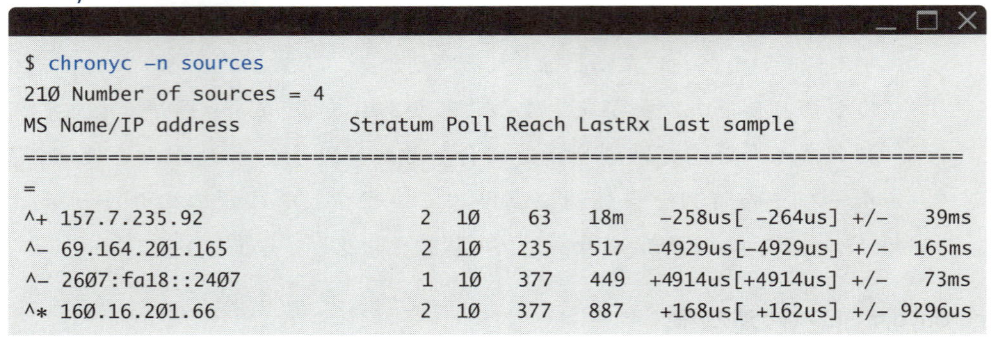

```
$ chronyc -n sources
210 Number of sources = 4
MS Name/IP address         Stratum Poll Reach LastRx Last sample
===============================================================================
=
^+ 157.7.235.92                  2  10    63    18m   -258us[ -264us] +/-   39ms
^- 69.164.201.165                2  10   235    517  -4929us[-4929us] +/-  165ms
^- 2607:fa18::2407               1  10   377    449  +4914us[+4914us] +/-   73ms
^* 160.16.201.66                 2  10   377    887   +168us[ +162us] +/- 9296us
```

NTPでは、上位のNTPサーバーと同期して時刻合わせを行います。デフォルトでは、共用NTPサーバーを展開するpool.ntp.orgプロジェクトのサーバーが指定されています。そのままで問題ありませんが、NTPサーバーを指定したい場合は、設定ファイル/etc/chrony.confファイルの先頭付近にサーバーを指定する行がありますので、その部分を編集してください（**リスト4**）。

リスト4：/etc/chrony.confファイル

```
# Use public servers from the pool.ntp.org project.
# Please consider joining the pool (http://www.pool.ntp.org/join.html).
server 0.centos.pool.ntp.org iburst
server 1.centos.pool.ntp.org iburst
server 2.centos.pool.ntp.org iburst
server 3.centos.pool.ntp.org iburst

（以下省略）
```

6

Webページをアップしてみよう

この章ではWebサーバーの構築を取り上げます。Apacheをインストールし、設定を適切に変更します。また、パスワード認証やログの見方についても解説します。

01 Apacheのインストール

01-01 WebサーバーとWebブラウザ

Webページ（ホームページ）の閲覧にはWebブラウザが使われます。Webブラウザには、Windows標準のEdgeやInternet Explorer、OS X標準のSafari、Googleの提供するChromeなど、多くの種類があります。Webブラウザのもっとも基本的な機能は、Webサーバーにアクセスし、WebサーバーからWebページの情報を取得して画面上に表示することです。WebサーバーとWebブラウザとの間の通信には、HTTP*1というプロトコルが使われます。Webサーバーは通常、80番ポートを使ってWebブラウザからの接続を待ち受けます（**図1**）。

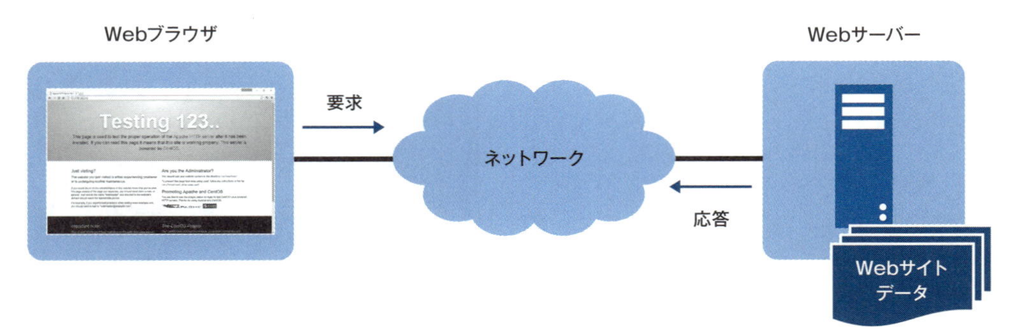

図1：WebサーバーとWebブラウザ

＊1　Hypertext Transfer Protocolの略。

Webページはコンテンツの構造を記述するHTML、デザインを記述するCSS、動的な構成やユーザーインターフェイスを記述するJavaScriptなどで構成されています。

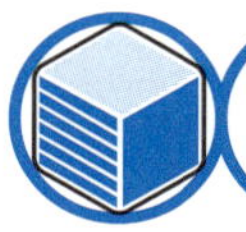

01-02 Apache HTTP Server

Linuxで使われているWebサーバーとしてもっとも高いシェアを持つのはApache HTTP Server（略してApache）です（**図2**）。Apacheは、オープンソースのさまざまなソフトウェアを開発しているApache ソフトウェア財団が開発しているソフトウェアです。

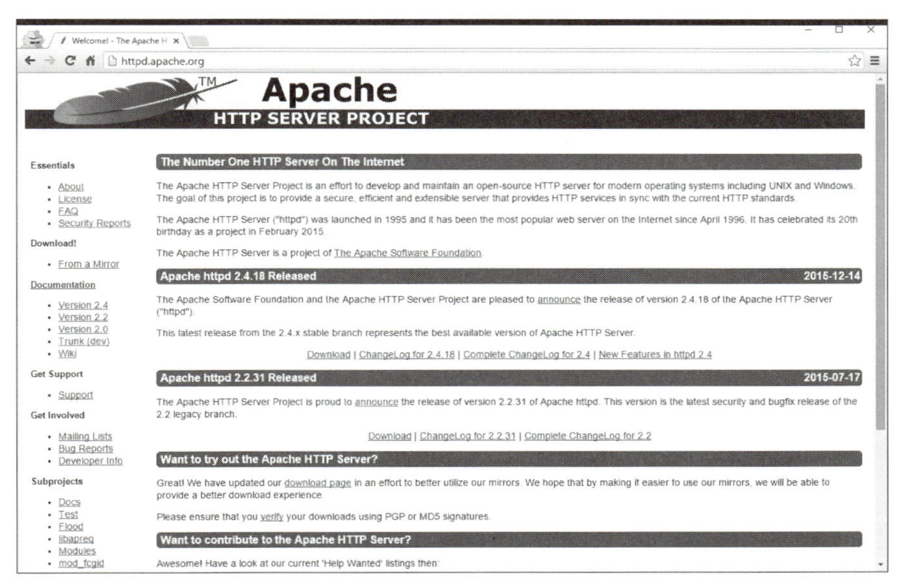

図2：Apache HTTP ServerのWebサイト

参考　Apacheソフトウェア財団は300以上のオープンソース・プロジェクトを推進しています。代表的なプロダクトとしては、Webアプリケーション・フレームワークのStruts、Java ServletコンテナのTomcat、大規模分散処理基盤のHadoop、ビルドツールのAntなどがあります。

Apacheには、いくつかのバージョン系統があります。大きく分けて2.0系、2.2系、2.4系があり、CentOS 7ではバージョン2.4系が採用されています。バージョン系統が異なると設定や機能が異なる場合があります。ただし「2.2」「2.4」の部分が同じであれば、大きな違いはないと考えてよいでしょう。なお、執筆時点での最新版はバージョン2.4.20ですが、CentOS 7ではバージョン2.4.6が採用されています。

01-03 Apacheのインストール

それでは、yumコマンドを使ってApacheをインストールしましょう。Apacheのパッケージ名はhttpdです。

httpdパッケージをインストール

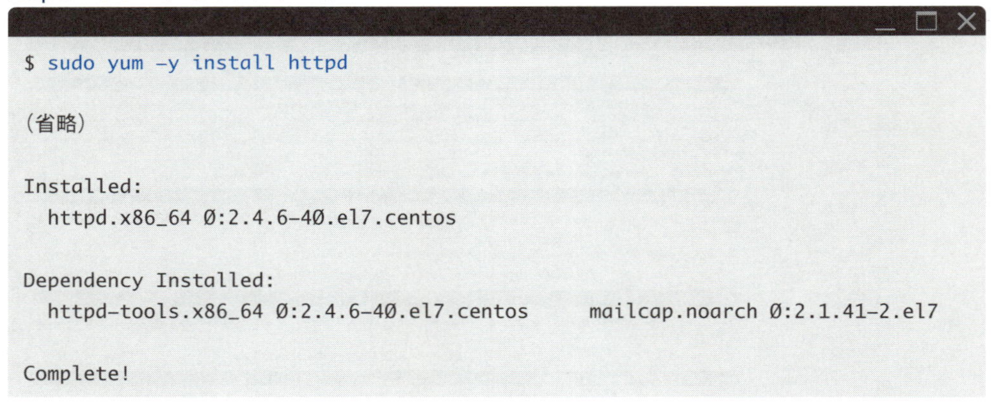

$ sudo yum -y install httpd
(省略)
Installed:
httpd.x86_64 0:2.4.6-40.el7.centos
Dependency Installed:
httpd-tools.x86_64 0:2.4.6-40.el7.centos
mailcap.noarch 0:2.1.41-2.el7
Complete!

関連のあるパッケージも含めてインストールできました。

参考 ApacheのWebサイトから最新版をダウンロードしてインストールすることもできますが、RPMパッケージが提供されていないので、その場合はソースをコンパイルする必要があります。バージョン管理、セキュリティ対策も個別にしなければならなくなりますし、他のソフトウェアとの連係も煩雑になります。ある程度スキルが身につくまでは、ディストリビューションの標準パッケージを利用することをおすすめします。

02 Apacheの基本

02-01 ドキュメントルート

Webで公開するトップディレクトリをドキュメントルートといいます（**図3**）。デフォルトでは、ドキュメントルートは/var/www/htmlディレクトリとなっています。つまり、/var/www/html/index.htmlというファイルを作成すると、「http://サーバー名/index.html」として外部からアクセスできる、というわけです。

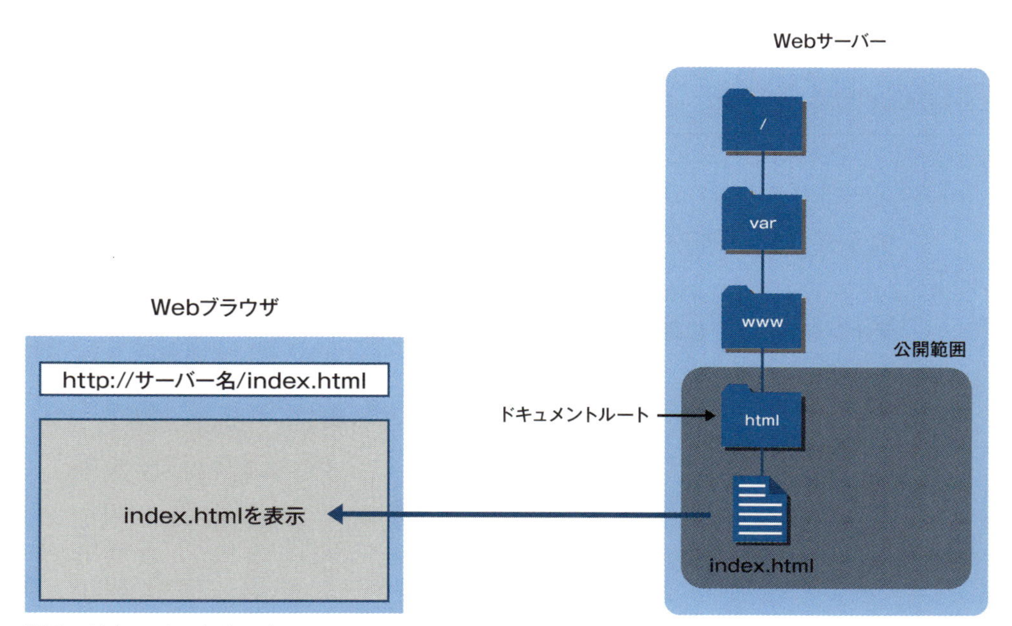

図3：ドキュメントルート

ドキュメントルート以下は、ファイルの書き込みにrootユーザー権限が必要です。

02-02 設定ファイルhttpd.conf

Apacheのメイン設定ファイルは、/etc/httpd/conf/httpd.confです。httpd.confの一部を**リスト1**に挙げます。

リスト1：httpd.confファイルの一部

```
# ServerRoot: The top of the directory tree under which the server's
# configuration, error, and log files are kept.
#
# Do not add a slash at the end of the directory path.  If you point
# ServerRoot at a non-local disk, be sure to specify a local disk on the
# Mutex directive, if file-based mutexes are used.  If you wish to share the
# same ServerRoot for multiple httpd daemons, you will need to change at
# least PidFile.
#
ServerRoot "/etc/httpd"
```

「#」で始まる行は、設定ではなく説明が書かれたコメント行です。上の例では一番下の行が設定です。設定は基本的に、次のような書き方をします。

書式　ディレクティブ　設定値

ディレクティブとは設定項目名のことです（**表1**）。Apacheの設定では、設定変更に必要なディレクティブを確認し、その設定値を変更します。

表1：主なディレクティブ

ディレクティブ	説明
ServerRoot	設定ファイル等を配置するトップディレクトリ
Listen	Apacheが待ち受けるポート番号
User	Apacheの実行ユーザー
Group	Apacheの実行グループ
ServerAdmin	Apacheの管理者
ServerName	Webサーバー名
DocumentRoot	ドキュメントルート
DirectoryIndex	インデックスファイル名

ServerRoot

設定ファイル等を配置するトップディレクトリを指定します（**リスト2**）。httpd.confファイル内で相対パスを指定すると、このディレクトリが起点となります。変更する必要はありません。

リスト2：ServerRootディレクティブの設定例

```
ServerRoot "/etc/httpd"
```

Listen

Apacheが待ち受けるポート番号を指定します。Webサーバーは80番ポートで待ち受けますから、通常は変更する必要はありません（**リスト3**）。

リスト3：Listenディレクティブの設定例

```
Listen 80
```

User/Group

Apacheの実行ユーザーと実行グループを指定します*2。デフォルトで

*2　より正確には、Apacheの子プロセス（後述）の実行ユーザーと実行グループを指定します。

はapacheユーザー、apacheグループが指定されています（**リスト4**）。Apacheが扱うコンテンツは、ここで指定したユーザー、グループが利用できるアクセス権が設定されている必要があります。変更する必要はありません。

リスト4：UserおよびGroupディレクティブ設定例

```
User apache
Group apache
```

ServerAdmin

Apacheが稼働しているサーバーの管理者のメールアドレスを指定します（**リスト5**）。デフォルトのままでもかまいません。

リスト5：ServerAdminディレクティブの設定例

```
ServerAdmin root@localhost
```

ServerName

Webサーバーの名前を指定します。このディレクティブは、デフォルトではコメントになっていますので、コメントを解除（行頭の「#」を削除）しなければ有効になりません。ここにはホスト名を指定するとよいでしょう（**リスト6**）。「:80」のようにポートを指定することもできますが、省略してかまいません。

リスト6：ServerNameディレクティブの設定例

```
ServerName www.example.com
```

DocumentRoot

ドキュメントルートを絶対パスで指定します（**リスト7**）。ここで指定したディレクトリ以下へは、UserおよびGroupディレクティブで指定したユーザー、グループがアクセスできる必要があります。

リスト7：DocumentRootディレクティブの設定例

```
DocumentRoot "/var/www/html"
```

DirectoryIndex

URLでファイル名まで指定されなかったとき、例えば「http://www.example.com/sample/」のようにディレクトリ名までしか指定されなかったときに、インデックス（索引）ファイルとしてWebブラウザに送るファイルの名前を指定します（**リスト8**）。通常はindex.htmlやindex.htm、index.phpといったファイルが使われます。

リスト8：DirectoryIndexディレクティブの設定例

```
DirectoryIndex index.html
```

02-03 設定の変更

ここでは、ServerNameディレクティブのみ設定することにします。このディレクティブが設定されていないと、Apache起動時に警告メッセージが出てきてしまいます。**表2**のとおりに変更してください。

httpd.confを編集

```
$ sudo nano /etc/httpd/conf/httpd.conf
```

表2：httpd.confの編集

変更前	変更後
#ServerName www.example.com:80	ServerName www.example.com

変更が終わったら、念のため構文チェックコマンドを実行してhttpd.confファイルの構文チェックをしておきましょう。次のコマンドを実行し「Syntax OK」と表示されればOKです。

構文チェックの実施

```
$ httpd -t
Syntax OK
```

もしミスがあれば、次のように指摘してくれます。

構文チェックの実施とエラーメッセージ

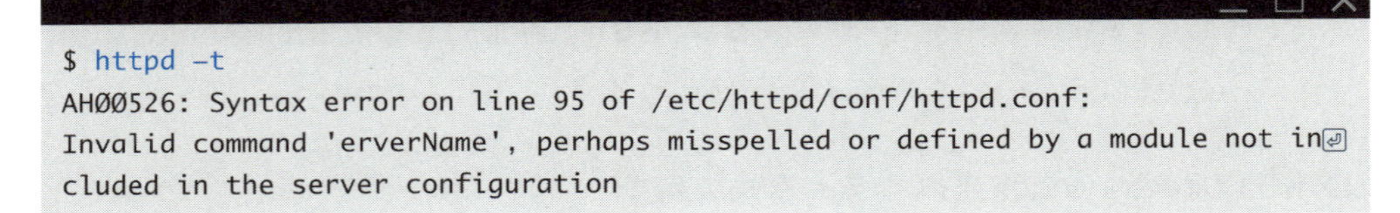

```
$ httpd -t
AH00526: Syntax error on line 95 of /etc/httpd/conf/httpd.conf:
Invalid command 'erverName', perhaps misspelled or defined by a module not in⏎
cluded in the server configuration
```

95行目に文法エラー、「erverName」は無効、スペルミスじゃないか、と指摘してくれます。どうやらコメント記号を削除するときに余分に消してしまったようです。正しく「ServerName」に編集しましょう。

注意　表示される行番号の箇所に必ず間違いがあるとは限りません。指摘された行番号前後にも注意を払って確認してください。

02-04 Apacheの起動

次のコマンドでApacheを起動できます。

Apacheの起動

```
$ sudo systemctl start httpd.service
```

システムが起動したときにApacheも自動的に起動するようにするには、次のコマンドを実行しておきます。

Apacheを自動的に起動

```
$ sudo systemctl enable httpd.service
```

Apacheを起動すると、複数のhttpdプロセスが生成されます。サーバーへのアクセスがあってからhttpdプロセスを起動するとタイムラグが生じてしまいます。そこで、あらかじめいくつかの予備プロセスを起動しておくことで、スムーズに応答が進むようにしているのです。

すべてのプロセスから「httpd」プロセスを抜き出して表示

```
$ ps ax | grep httpd
 5802 ?        Ss     0:00 /usr/sbin/httpd -DFOREGROUND
 5804 ?        S      0:00 /usr/sbin/httpd -DFOREGROUND
 5805 ?        S      0:00 /usr/sbin/httpd -DFOREGROUND
 5806 ?        S      0:00 /usr/sbin/httpd -DFOREGROUND
 5807 ?        S      0:00 /usr/sbin/httpd -DFOREGROUND
 5808 ?        S      0:00 /usr/sbin/httpd -DFOREGROUND
 5810 pts/0    S+     0:00 grep --color=auto httpd
```

02-05 ファイヤウォールの設定

デフォルトのファイヤウォール設定では、Webサーバーへのアクセスは許可されていません。そのため、Apacheを起動しただけでは外部からアクセスできない状態になっています。ファイヤウォールの設定を変更し、80番ポート（http）へのアクセスを許可しましょう。ファイヤウォールの設定変更は、firewall-cmdコマンドを使います。

ファイヤウォールの設定変更

```
$ sudo firewall-cmd --permanent --add-service=http
success
$ sudo firewall-cmd --reload
success
```

これでWebブラウザからアクセスできるようになったはずです。Webブラウザのアドレス欄に「http://VPSのIPアドレス/」を入力してください。テストページが表示されれば成功です（**図4**）。

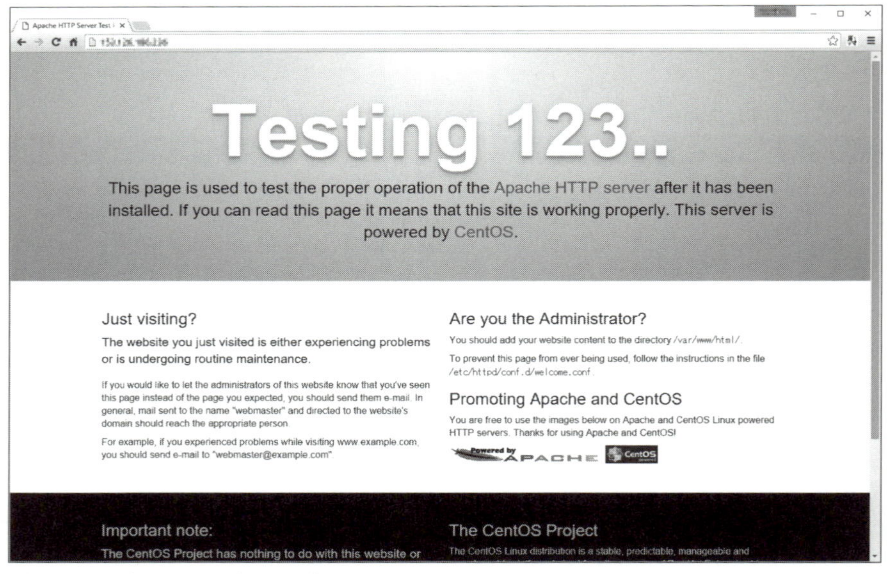

図4：Apacheのテストページ

テストページは、ドキュメントルートに何もファイルが存在しない場合に表示されます。

02-06 HTMLファイルの作成

HTMLファイルを作成して、それを表示させてみましょう。次のコマンドを実行し、**リスト9**の内容を入力して保存します。ドキュメントルート以下への書き込みはrootユーザー権限が必要なので、sudoを忘れないように。

/var/www/html/htmltest.htmlを作成

```
$ sudo nano /var/www/html/htmltest.html
```

リスト9：/var/www/html/htmltest.html

```
<html>
<head>
<title>Test Page</title>
</head>
<body>
<p>Apache test page</p>
</body>
</html>
```

保存したら、Webブラウザから「http://VPSのIPアドレス/htmltest.html」にアクセスしてみてください。**図5**のように表示されます。

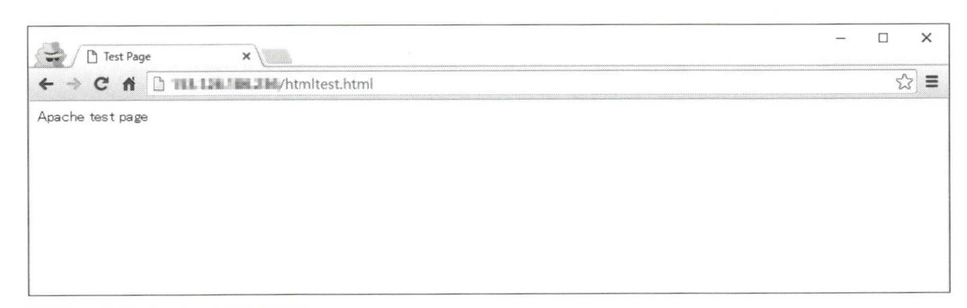

図5：テストページの表示

03 パスワード認証の設定

03-01 基本認証とは

ユーザー名とパスワードを入力しなければWebページが見られないようにするための方法はいくつかありますが、もっとも簡単な方法が基本認証（BASIC認証）という仕組みを使うことです。基本認証は、あらかじめApacheにユーザー名とパスワードを登録しておき、特定のディレクトリ以下にアクセスがあれば認証を求めるという仕組みです。

参考　基本認証と似た仕組みにダイジェスト認証があります。ダイジェスト認証の方が安全性が高くなっています。基本認証は認証データがそのままネットワーク上を流れるため、万が一盗聴されているとパスワード等が漏洩してしまう恐れがあります。

基本認証を利用するには、まず基本認証用のユーザーをApacheに登録します。ここでは、ユーザー名とパスワードを登録するファイルを/etc/httpd/conf.d/htpasswd、ユーザー名をwebuserとしておきます。初回のみ-cオプションを指定します（パスワードファイルが作成されます）。

htpasswd [-c] ファイル名 ユーザー名

認証用のユーザーwebuserを登録

```
$ sudo htpasswd -c /etc/httpd/conf.d/htpasswd webuser
New password: ←── 設定したいパスワードを入力
Re-type new password: ←── パスワードを再入力
Adding password for user webuser
```

パスワードファイルの内容を確認してみましょう。ユーザー名と、暗号化されたパスワードが格納されています。

/etc/httpd/conf.d/htpasswdの内容を表示

```
$ sudo cat /etc/httpd/conf.d/htpasswd
webuser:$apr1$ODtwQgch$BvRC3Du0kw6ydQBYWIcEe0
```

暗号化されているとはいえ、外部に流出すると、簡単にパスワードを特定されてしまいます。Apache用に作られたapacheユーザー、apacheグループのみアクセスできるよう、ファイルの所有者と所有グループ、アクセス権を変更しておきます。

パスワードファイルのパーミッション変更

```
$ sudo chown apache /etc/httpd/conf.d/htpasswd
$ sudo chgrp apache /etc/httpd/conf.d/htpasswd
$ sudo chmod 600 /etc/httpd/conf.d/htpasswd
```

次に、どの範囲（ディレクトリ）に対して基本認証を適用するか、について設定します。設定は/etc/httpd/conf.d/auth.confファイルに記述します*3。/etc/httpd/conf.dに配置された「～.conf」ファイルは、追加の設定ファイルとしてhttpd.conf内に読み込まれます。

/etc/httpd/conf.d/auth.confをnanoエディタで開く

```
$ sudo nano /etc/httpd/conf.d/auth.conf
```

＊3　ファイル名はauth.confでなくてもかまいません。

リスト10の内容を記述してください。

リスト10：/etc/httpd/conf.d/auth.conf

```
<Directory "/var/www/html">
  AuthType Basic
  AuthName "Private Area"
  AuthUserFile /etc/httpd/conf.d/htpasswd
  Require valid-user
</Directory>
```

<Directory>と</Directory>で囲まれた範囲に、特定のディレクトリ（ここでは/var/www/html）以下に適用する設定を記述します（**表3**）。この例ではドキュメントルートを指定しましたが、<Directory "/var/www/html/secret">のように任意のディレクトリを指定することもできます。

表3：基本認証の設定

ディレクティブ	説明
AuthType	BASICを指定すると基本認証
AuthName	この認証名（認証ウィンドウに表示）
AuthUserFile	パスワードファイル名
Require	認証ユーザー（valid-userならパスワードファイルに書かれた全ユーザー）

設定を変更した場合は、Apacheに設定ファイルを再読み込みさせて変更を反映させる必要があります*4。

Apacheの設定ファイルを再読み込み

```
$ sudo systemctl reload httpd.service
```

再度Webブラウザからアクセスしてみましょう。**図6**のような認証ウィンドウが出ればOKです。ユーザー名とパスワードを入力してください。

＊4　Apacheを再起動してもかまいませんが、接続中の処理に影響が出ることがあります。

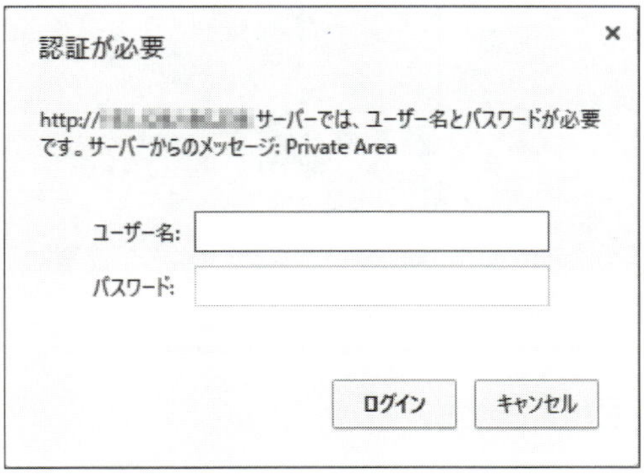

認証が必要

http://　　　　サーバーでは、ユーザー名とパスワードが必要です。サーバーからのメッセージ: Private Area

ユーザー名:

パスワード:

ログイン　キャンセル

図6：認証ウィンドウ

Column 設定ファイルの再読み込み

Apacheは起動時に設定ファイルを読み込みます。そのため、Apacheが起動しているときに設定ファイルの内容を変更して保存しても、Apacheは古い設定のままで動作しています。これはApacheに限らず、サーバーソフトウェア全般にいえることです（一部例外があります）。設定ファイルの変更を適用するには、サーバーソフトウェアに設定ファイルを再読み込みさせるか（systemctl reload）、サーバーソフトウェアを再起動させます（systemctl restart）。

04 アクセスログ

04-01 アクセスログとは

Apacheは、Linux本体のログ管理とは別に、さまざまな情報をログファイルとして保存します。代表的なログはアクセスログで、Apacheへのアクセス記録がログファイルに保存されます。アクセスログには、アクセス元のIPアドレス、アクセスされたページ、アクセス元のWebブラウザの種類などが記録されますので、Webサイトのアクセス解析に利用できます。

アクセスログファイルは、CentOSでは/var/log/httpd/access_logです。/var/log/httpdディレクトリ以下にアクセスするにはrootユーザーの権限が必要です。

lessコマンドでアクセスログを閲覧

```
$ sudo less /var/log/httpd/access_log
```

アクセスログには、1行につき1アクセスで情報が記録されています(**リスト11**)。

リスト11:アクセスログの例1

```
10.20.227.149 - webuser [8/Feb/2016:04:20:51 +0900] "GET /htmltest.html HTTP/⏎
1.1" 200 - "-" "Mozilla/5.0 (Windows NT 10.0; WOW64) AppleWebKit/537.36 (KHTM⏎
L, like Gecko) Chrome/48.0.2564.116 Safari/537.36"
```

- アクセス元IPアドレス（10.20.227.149）
- 認証ユーザー（webuser）
- アクセス日時（8/Feb/2016:04:20:51）
- リクエストされたページ（/htmltest.html）
- アクセスしたWebブラウザ（Chrome）

といったことが読み取れます。このアクセスが成功したかどうかは、「HTTP/1.1」の後にある「200」という数値で判別できます。この数値をステータスコードといい、HTTPで意味が定められています（**表4**）。

表4：主なステータスコード

ステータスコード	説明
200（OK）	リクエストが成功した
401（Unauthorized）	ユーザー認証が必要なページで失敗した
403（Forbidden）	アクセスが禁止されている
404（Not Found）	リクエストされたファイルが存在しない
500（Internal Server Error）	サーバー内部でエラーが発生した

ほかにも例を見ておきましょう。

リスト12：アクセスログの例2

```
10.20.227.149 - - [8/Feb/2016:05:09:19 +0900] "GET /secret.html HTTP/1.1" 404⏎
 209 "-" "Mozilla/5.0 (Windows NT 10.0; WOW64) AppleWebKit/537.36 (KHTML, lik⏎
e Gecko) Chrome/48.0.2564.116 Safari/537.36"
```

リスト12は、指定されたファイル（/secret.html）が見つからなかった（ステータスコードが404）というログです。原因としてユーザーがURLの入力を間違えている、Webサイト内のリンクにミスがある、などが考えられます。また、ファイル名によっては、脆弱性を狙った攻撃が試されている場合もあります。

リスト13：アクセスログの例3

```
10.20.227.149 - webusr [8/Feb/2016:04:20:41 +0900] "GET /test.html HTTP/1.1" ⏎
401 381 "-" "Mozilla/5.0 (Windows NT 10.0; WOW64) AppleWebKit/537.36 (KHTML, ⏎
like Gecko) Chrome/48.0.2564.116 Safari/537.36"
```

リスト13は、基本認証が失敗した（ステータスコードが401）ログです。ユーザー名が「webusr」となっていることから、ユーザー名の入力ミスと思われます。

04-02 エラーログ

アクセスログとは別に、/var/log/httpd/error_logというエラーログファイルもあります。こちらのログファイルには、各種エラー記録のほか、Apacheが起動したり終了したりしたときの内部的な動作も記録されます。いくつか例を見てみましょう。

リスト14：エラーログの例1

```
[Fri Feb 12 05:22:41.900677 2016] [autoindex:error] [pid 6078] [client 58.80.⏎
227.149:61753] AH01276: Cannot serve directory /var/www/html/: No matching Di⏎
rectoryIndex (index.html,index.php) found, and server-generated directory ind⏎
ex forbidden by Options directive
```

リスト14は「index.html」「index.php」といったインデックスファイル、つまりファイル名が指定されずアクセスされたときにデフォルトで使われるファイル名のファイルが存在せず、ファイル名一覧の作成も禁止されているというエラーです。

リスト15：エラーログの例2

```
[Fri Feb 12 05:23:45.396229 2016] [auth_basic:error] [pid 6074] [client 10.20⏎
.227.149:61835] AH01618: user webusr not found: /
```

リスト15は基本認証で、入力されたユーザー（webusr）が見つからなかった、というエラーです。

リスト16：エラーログの例3

```
[Fri Feb 12 05:21:17.985949 2016] [mpm_prefork:notice] [pid 6009] AH00170: ca⏎
ught SIGWINCH, shutting down gracefully
[Fri Feb 12 05:21:19.113474 2016] [core:notice] [pid 6072] SELinux policy ena⏎
bled; httpd running as context system_u:system_r:httpd_t:s0
[Fri Feb 12 05:21:19.114616 2016] [suexec:notice] [pid 6072] AH01232: suEXEC ⏎
mechanism enabled (wrapper: /usr/sbin/suexec)
[Fri Feb 12 05:21:19.181272 2016] [auth_digest:notice] [pid 6072] AH01757: ge⏎
nerating secret for digest authentication ...
[Fri Feb 12 05:21:19.182390 2016] [lbmethod_heartbeat:notice] [pid 6072] AH02⏎
282: No slotmem from mod_heartmonitor
[Fri Feb 12 05:21:19.214447 2016] [mpm_prefork:notice] [pid 6072] AH00163: Ap⏎
ache/2.4.6 (CentOS) PHP/5.4.16 configured -- resuming normal operations
[Fri Feb 12 05:21:19.214515 2016] [core:notice] [pid 6072] AH00094: Command li⏎
ne: '/usr/sbin/httpd -D FOREGROUND'
```

リスト16はApacheを再起動したときのログです。エラーではありませんので、意図せず再起動（Apacheが異常終了など）したような場合を除いては無視してかまいません。

注意　ログファイルは次々に書き込まれてサイズが大きくなるので、定期的にバックアップが行われます。バックアップファイルは「access_log-20160214」のようにバックアップ日がファイル名に付け加えられます。

7

LAMPサーバーを作ってみよう

この章では、実用的なサーバー構築演習として、Webアプリケーションの実行環境としてメジャーなLAMP（Linux、Apache、MariaDB、PHP）環境を構築し、CMSとして有名なWord Pressを動かしてみます。

01 LAMPサーバーとは

01-01 Webアプリケーションのプラットフォーム

Webアプリケーションをサーバー上で動かすには、Apacheだけでは不十分です。WebアプリケーションのWebページは、利用者ごとに、あるいは利用シーンごとに変わります（例えばツイッターのページを想像してください）。最初から固定的なHTMLファイルが用意されているのではなく、Webブラウザーからアクセスがあるごとにプログラムが Webページを生成しているのです。また、Webアプリケーションに格納されるデータは、一般的にはデータベースに格納されます。まとめると、Webアプリケーションには、OS（Linux）、Webサーバー（Apache）、プログラミング言語（の実行環境）、データベース（データベース管理システム）が必要です。これらの組み合わせとして広く利用されているのがLAMPサーバーです（**図1**）。

Apache （Webサーバー）	MySQL/MariaDB （データベース）	PHP/Python/Perl （プログラミング言語）
Linux (OS)		

図1：LAMPサーバー環境

LinuxとApacheについてはすでに説明済みですので、次の節でデータベース管理システムとプログラミング言語について説明します。

01-02 MySQL/MariaDB

データベースは、検索や管理がやりやすいよう一定のルールに従って蓄積されたデータの集合です。そのデータベースを管理するソフトウェアがデータベース管理システム（DBMS：DataBase Management System）です。データベース管理システムには、Oracle Database、Microsoft SQL Serverなどの商用製品と並んで、MySQL、MariaDB、PostgreSQLといったオープンソースソフトウェアもよく知られています。とりわけ、LinuxではMySQLが世界的に使われてきました。CentOSに搭載されているMariaDBは、MySQLから枝分かれして開発が進められているデータベース管理システムです（**図2**）。MySQLから分離してそれほど年月が経っていないため、MySQLの名残があちこちに見られるほか、機能的にも扱い方にもMySQLと大きな違いはありません。

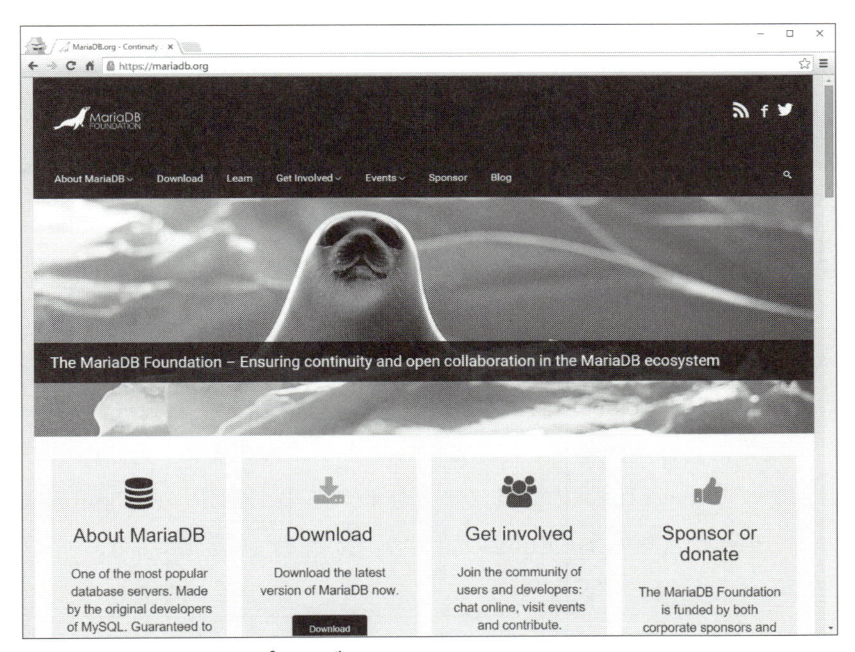

図2：MariaDBのトップページ

参考 MySQL/MariaDBと並び、特に人気が高いデータベース管理システムがPostgreSQLです。MySQL/MariaDBをPostgreSQLに置き換えた構成をLAPP（Linux/Apache/PostgreSQL/PHP）と呼ぶことがあります。

Column SQLとリレーショナルデータベース

SQLはリレーショナルデータベース（RDB）を扱うための言語です。リレーショナルデータベースは、現在広く用いられているデータベースの方式で、行（レコード）と列（フィールド）から構成されるテーブルという概念でデータの集合を管理します。表計算ソフトのワークシートをイメージすればよいでしょう。SQLは標準規格が定められているので、データベース管理システムが違っても原則的には互換性が維持されます。ただし、データベース管理システムによって一部の機能が実装されていなかったり、固有の機能が使われていたりすることがあります。そのため、既存のWebアプリケーションを導入する際は、どのデータベース管理システムを用いるのか、事前に確認しておきましょう。

01-03 PHP/Python/Perl/Ruby

Webアプリケーションを作成するプログラミング言語には、軽量言語（Lightweight Language：LL）と呼ばれるスクリプト言語が一般的に使われます。プログラミング言語は大きく分けて、プログラマーの書いたソースコードをコンパイルして実行形式に変換するコンパイラ型と、ソースコードのまま実行可能なインタープリター型があります。インタープリター型の言語をスクリプト言語といいます*1。スクリプト言語の中でも、Webアプリケーションの作成によく使われるのがPHP、Python、Perl、Rubyといった言語です（Rubyの頭文字がPでない点は気にしないでください）。

＊1 プログラミング言語については厳密に区分できるものではないので、ざっくりとした説明にとどめておきます。詳しく知りたい方は専門の書籍などをお読みください。

PHP

Webアプリケーションの作成に特化したスクリプト言語。習得が比較的容易で、シンプルなものから大規模なWebアプリケーションまで作成できます。ファイルの拡張子は「.php」。

Python

Googleも公式採用している、人気の高いスクリプト言語。Linuxのシステム処理の一部にも使われています。ファイルの拡張子は「.py」。

Perl

歴史のあるスクリプト言語。初期のインターネットでは主にPerlで簡単なWebアプリケーションが作成されていました。拡張子は「.pl」。

Ruby

日本発のスクリプト言語。Webアプリケーションのフレームワークであるruby on Railsで有名になりました。拡張子は「.rb」。

表1：プログラミング言語の公式Webサイト

言語	Webサイト
PHP	http://php.net/
Python	http://www.python.org/
Perl	http://www.perl.org/
Ruby	http://www.ruby-lang.org/

02 必要なソフトウェアのインストール

02-01 MariaDBのインストール

ここから、LAMPサーバーに必要なソフトウェアをインストールしていきます。まずはデータベース管理システムMariaDBをインストールしましょう。yumコマンドを使って2つのパッケージをインストールします。

MariaDBのインストール

```
$ sudo yum -y install mariadb-server mariadb
```

これで、MariaDB本体と関連プログラム、MariaDBクライアントソフトウェア類がインストールされました。次に設定ファイル/etc/my.cnf＊2を変更して、日本語が正しく扱えるようにします。

設定ファイル/etc/my.cnfをnanoエディタで開く

```
$ sudo nano /etc/my.cnf
```

冒頭に**リスト1**のような箇所があるので、4行目を追加して保存します。このファイルも「#」で始まる行はコメント行です。

＊2 MySQLの設定ファイル名と同じです。

リスト1：/etc/my.cnf（抜粋）

```
[mysqld]
datadir=/var/lib/mysql
socket=/var/lib/mysql/mysql.sock
character-set-server=utf8 ●——— この行を追加
```

MariaDBを起動します。ついでにシステム起動時に自動起動するようにもしておきましょう。

MariaDBの起動

```
$ sudo systemctl start mariadb
$ sudo systemctl enable mariadb
```

02-02 MariaDBの初期設定

引き続き、MariaDBの初期設定を行います。初期設定コマンドmysql_secure_installationを実行すると、最初にしなければならない設定を対話的に実施できます。

MariaDBの初期設定

```
$ sudo mysql_secure_installation
/bin/mysql_secure_installation: line 379: find_mysql_client: command not found

NOTE: RUNNING ALL PARTS OF THIS SCRIPT IS RECOMMENDED FOR ALL MariaDB
      SERVERS IN PRODUCTION USE!  PLEASE READ EACH STEP CAREFULLY!

In order to log into MariaDB to secure it, we'll need the current
password for the root user.  If you've just installed MariaDB, and
you haven't set the root password yet, the password will be blank,
so you should just press enter here.
```

```
Enter current password for root (enter for none): ●──── Enterを入力
OK, successfully used password, moving on...

Setting the root password ensures that nobody can log into the MariaDB
root user without the proper authorisation.

Set root password? [Y/n] y   ●──── yを入力
New password:                ●──── MariaDBの管理者パスワードを設定
Re-enter new password:       ●──── 管理者パスワードを再入力
Password updated successfully!
Reloading privilege tables..
 ... Success!


By default, a MariaDB installation has an anonymous user, allowing anyone
to log into MariaDB without having to have a user account created for
them.  This is intended only for testing, and to make the installation
go a bit smoother.  You should remove them before moving into a
production environment.

Remove anonymous users? [Y/n] y ●──── yを入力
 ... Success!

Normally, root should only be allowed to connect from 'localhost'.  This
ensures that someone cannot guess at the root password from the network.

Disallow root login remotely? [Y/n] y ●──── yを入力
 ... Success!

By default, MariaDB comes with a database named 'test' that anyone can
access.  This is also intended only for testing, and should be removed
before moving into a production environment.

Remove test database and access to it? [Y/n] y ●──── yを入力
 - Dropping test database...
 ... Success!
 - Removing privileges on test database...
 ... Success!

Reloading the privilege tables will ensure that all changes made so far
will take effect immediately.
```

```
Reload privilege tables now? [Y/n] y ●──── yを入力
 ... Success!

Cleaning up...

All done!  If you've completed all of the above steps, your MariaDB
installation should now be secure.

Thanks for using MariaDB!
```

大事な箇所は、MariaDBのrootパスワードを設定するところです。このrootユーザーはMariaDBの管理者ユーザーのことであり、Linuxのrootユーザーではありません。設定したパスワードは忘れないようにしておいてください。

参考　LinuxのrootユーザーとMariaDBのrootユーザーも強力な権限を持っていて、すべてのデータベースの作成、削除や、MariaDBユーザーの追加、削除といった操作ができます。

02-03 PHPのインストール

次に、PHPをインストールします。PHP本体であるphpパッケージとあわせて、日本語などのマルチバイト文字を扱うためのphp-mbstringパッケージ、PHPで画像ライブラリを扱うphp-gdパッケージ、PHPとMariaDB/MySQLを連係させるphp-mysqlパッケージもインストールします。

PHPと関連パッケージのインストール

```
$ sudo yum -y install php php-mbstring php-gd php-mysql
```

PHPがちゃんとインストールされたか確認しましょう。次のコマンドでバージョンが表示されればOKです。

PHPのバージョン確認

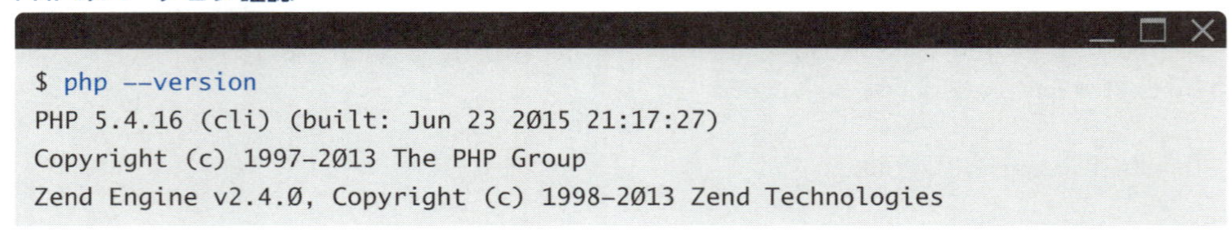

$ php --version
PHP 5.4.16 (cli) (built: Jun 23 2015 21:17:27)
Copyright (c) 1997-2013 The PHP Group
Zend Engine v2.4.0, Copyright (c) 1998-2013 Zend Technologies

ところで、Apacheよりも後からPHPをインストールしたため、現在稼働しているApacheはまだPHPと連係できていません。Apacheを再起動し、ApacheからPHPプログラムが実行できるようにしておきましょう。

Apacheの再起動

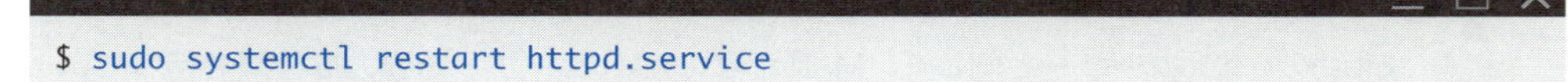

$ sudo systemctl restart httpd.service

02-04 PHPの動作を確認

PHPプログラムが動作するかどうか確認しておきましょう。テスト用のPHPファイルを/var/www/html/phptest.phpとして作成、**リスト2**の内容を入力して保存します。

/var/www/html/phptest.phpを作成

```
$ sudo nano /var/www/html/phptest.php
```

リスト2：/var/www/html/phptest.php

```
<?php echo phpinfo(); ?>
```

Webブラウザから「http://VPSのIPアドレス/phptest.php」にアクセスしてみましょう。**図3**のように表示されるはずです。

PHP Version 5.4.16

php

System	Linux centos7.example.com 3.10.0-327.4.5.el7.x86_64 #1 SMP Mon Jan 25 22:07:14 UTC 2016 x86_64
Build Date	Jun 23 2015 21:18:22
Server API	Apache 2.0 Handler
Virtual Directory Support	disabled
Configuration File (php.ini) Path	/etc
Loaded Configuration File	/etc/php.ini
Scan this dir for additional .ini files	/etc/php.d
Additional .ini files parsed	/etc/php.d/curl.ini, /etc/php.d/fileinfo.ini, /etc/php.d/gd.ini, /etc/php.d/json.ini, /etc/php.d/mbstring.ini, /etc/php.d/mysql.ini, /etc/php.d/mysqli.ini, /etc/php.d/pdo.ini, /etc/php.d/pdo_mysql.ini, /etc/php.d/pdo_sqlite.ini, /etc/php.d/phar.ini, /etc/php.d/sqlite3.ini, /etc/php.d/zip.ini
PHP API	20100412
PHP Extension	20100525
Zend Extension	220100525
Zend Extension Build	API220100525,NTS
PHP Extension Build	API20100525,NTS
Debug Build	no
Thread Safety	disabled
Zend Signal Handling	disabled
Zend Memory Manager	enabled
Zend Multibyte Support	provided by mbstring
IPv6 Support	enabled
DTrace Support	disabled
Registered PHP Streams	https, ftps, compress.zlib, compress.bzip2, php, file, glob, data, http, ftp, phar, zip
Registered Stream	tcp, udp, unix, udg, ssl, sslv3, sslv2, tls

図3：PHPのテスト画面

確認できたら、このファイルは削除しておきましょう。システム情報が表示されるため、悪意のある第三者に見られるのは避けたいからです。

/var/www/html/phptest.php ファイルを削除

```
$ sudo rm /var/www/html/phptest.php
```

02-05 データベースの準備

続いて、WordPressでデータの保存に利用するデータベースを準備します。

注意　MariaDB/MySQLは複数のデータベースを管理できます。Webアプリケーションごとにデータベースを用意するのが一般的です。

MariaDB/MySQLのクライアントコマンドmysqlを使って、MariaDBの管理者ユーザーとしてMariaDBに接続します。パスワードを問われますので、mysql_secure_installationコマンド実行時に設定したパスワードを入力してください。-uはMariaDBのユーザーを指定するオプション、-pはパスワードを対話的に入力するオプションです。

MariaDBに接続

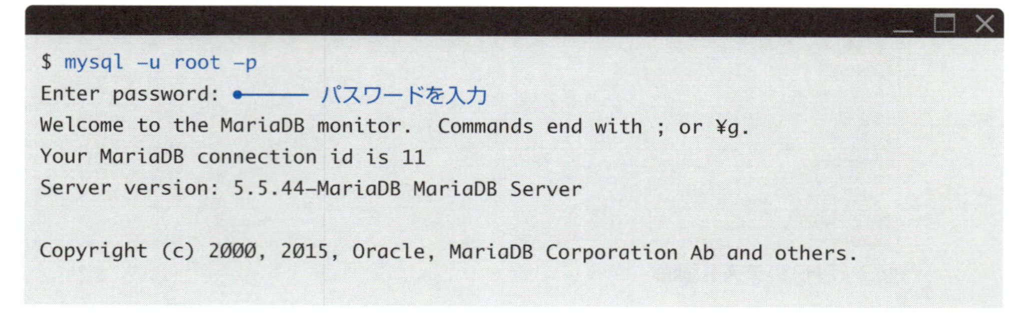

```
$ mysql -u root -p
Enter password: ●―― パスワードを入力
Welcome to the MariaDB monitor.  Commands end with ; or ¥g.
Your MariaDB connection id is 11
Server version: 5.5.44-MariaDB MariaDB Server

Copyright (c) 2000, 2015, Oracle, MariaDB Corporation Ab and others.
```

```
Type 'help;' or '¥h' for help. Type '¥c' to clear the current input statement.

MariaDB [(none)]>
```

これでデータベース操作が可能になりました。ここからはデータベースを操作する言語SQLを使って、WordPress用のデータベースおよびユーザーの作成を行います。本書では、データベース名を「wpdb」、ユーザー名を「wpuser」、パスワードを「p@sSw0rd」としていますが、好きな文字列にしてかまいません。「MariaDB [(none)]>」部分はプロンプトなので入力する必要はありません。

WordPress用データベースとユーザーの作成

```
MariaDB [(none)]> CREATE DATABASE wpdb;
Query OK, 1 row affected (0.00 sec)

MariaDB [(none)]> GRANT ALL PRIVILEGES ON wpdb.* TO "wpuser"@"localhost" IDEN⏎
TIFIED BY "p@sSw0rd";
Query OK, 0 rows affected (0.00 sec)

MariaDB [(none)]> FLUSH PRIVILEGES;
Query OK, 0 rows affected (0.00 sec)
```

コマンドが成功すれば「Query OK」と表示されますので、確認してください。表示されない場合は、スペルミスなどがあると考えられます。よく見直してください。作業が完了したらexitコマンドでMariaDBへの接続を終了します。

MariaDBへの接続を終了

```
MariaDB [(none)]> exit
Bye
```

02-06 WordPressのインストール

それでは、WordPressのインストールに移りましょう。WordPressのWebサイトから最新版をダウンロードします。ダウンロードにはcurlコマンドを使います。

書式 `curl [オプション] URL`

WordPressのダウンロード

```
$ curl -LO http://ja.wordpress.org/latest-ja.tar.gz
```

latest-ja.tar.gzが最新のWordPressのアーカイブ名です。ファイル名から分かるとおりgzipで圧縮されたtarアーカイブファイルです。tarコマンドで展開しましょう。

WordPressを展開

```
$ tar zxf latest-ja.tar.gz
```

wordpressという名前のディレクトリが作られ、その中にファイルが展開されます。たくさんの.phpファイルが見えます。

wordpressディレクトリの中

```
$ ls wordpress
index.php          wp-blog-header.php      wp-includes          wp-settings.php
license.txt        wp-comments-post.php    wp-links-opml.php    wp-signup.php
readme.html        wp-config-sample.php    wp-load.php          wp-trackback.php
wp-activate.php    wp-content              wp-login.php         xmlrpc.php
wp-admin           wp-cron.php             wp-mail.php
```

このディレクトリをドキュメントルート以下に配置します。そのままのディレクトリ名では攻撃の的になりますので、適当なディレクトリ名に変えておきましょう。ここではblogとしています。

wordpressディレクトリをドキュメントルート以下に配置

```
$ sudo mv wordpress /var/www/html/blog
```

Apacheが問題なくアクセスできるよう、所有者と所有グループを変更しておきます。

/var/www/html/blogディレクトリの所有者と所有グループを変更

```
$ sudo chown -R apache:apache /var/www/html/blog
```

/var/www/html/blogディレクトリ以下にwp-config-sample.phpという設定のひな形ファイルがあります。このファイルをwp-config.phpというファイル名に変更します。いちいち絶対パスを指定するのが面倒なので、カレントディレクトリを/var/www/html/blogに変更して作業することにします。

wp-config.phpファイルの作成

```
$ cd /var/www/html/blog
$ sudo mv wp-config-sample.php wp-config.php
```

wp-config.phpファイルを開いて、**リスト3**のように基本的なデータを記述します。

/var/www/html/blog/wp-config.phpファイルを編集

```
$ sudo nano wp-config.php
```

リスト3：/var/www/html/blog/wp-config.php

```
<?php
/**
 * WordPress の基本設定
 *
 * このファイルは、インストール時に wp-config.php 作成ウィザードが利用します。
 * ウィザードを介さずにこのファイルを "wp-config.php" という名前でコピーして
 * 直接編集して値を入力してもかまいません。
 *
 * このファイルは、以下の設定を含みます。
 *
 * * MySQL 設定
 * * 秘密鍵
 * * データベーステーブル接頭辞
 * * ABSPATH
 *
 * @link http://wpdocs.sourceforge.jp/wp-config.
php_%E3%81%AE%E7%B7%A8%E9%9B%86
 *
 * @package WordPress
 */

// 注意:
// Windows の "メモ帳" でこのファイルを編集しないでください !
// 問題なく使えるテキストエディタ
// (http://wpdocs.sourceforge.jp/Codex:%E8%AB%87%E8%A9%B1%E5%AE%A4 参照)
// を使用し、必ず UTF-8 の BOM なし (UTF-8N) で保存してください。

// ** MySQL 設定 - この情報はホスティング先から入手してください。 ** //
/** WordPress のためのデータベース名 */
define('DB_NAME', 'database_name_here'); ●—— データベース名

/** MySQL データベースのユーザー名 */
define('DB_USER', 'username_here'); ●—— ユーザー名

/** MySQL データベースのパスワード */
define('DB_PASSWORD', 'password_here'); ●—— パスワード

/** MySQL のホスト名 */
define('DB_HOST', 'localhost');
```

```
/** データベースのテーブルを作成する際のデータベースの文字セット */
define('DB_CHARSET', 'utf8');

/** データベースの照合順序 (ほとんどの場合変更する必要はありません) */
define('DB_COLLATE', '');

(以下省略)
```

変更する箇所は3カ所、データベース名とユーザー名、ユーザーのパスワードです。先に、WordPress用データベースとユーザーの作成で設定した値を使ってください（**表2**）。

表2：wp-config.phpの変更箇所

変更前	変更後（例）
database_name_here	wpdb
username_here	wpuser
password_here	p@sSw0rd

パスワード等が含まれた大切なファイルですので、アクセス権を変更して読み取り専用にしておきましょう。

/var/www/html/blog/wp-config.php

```
$ sudo chmod 400 wp-config.php
```

これで準備は完了です。ただし、SELinuxが有効にしてあるとWordPressが動作しませんので、ここでは暫定的にSELinuxを無効にしておきます。

SELinuxの無効化

```
$ sudo setenforce 0
```

注意　むろんSELinuxを有効にしたままの方が望ましいです。その方法はP.172のコラムを参照してください。

それではWebブラウザから、http://VPSのIPアドレス/blog/wp-admin/install.php にアクセスしてください。WordPressのセットアップが始まります（**図4**）。

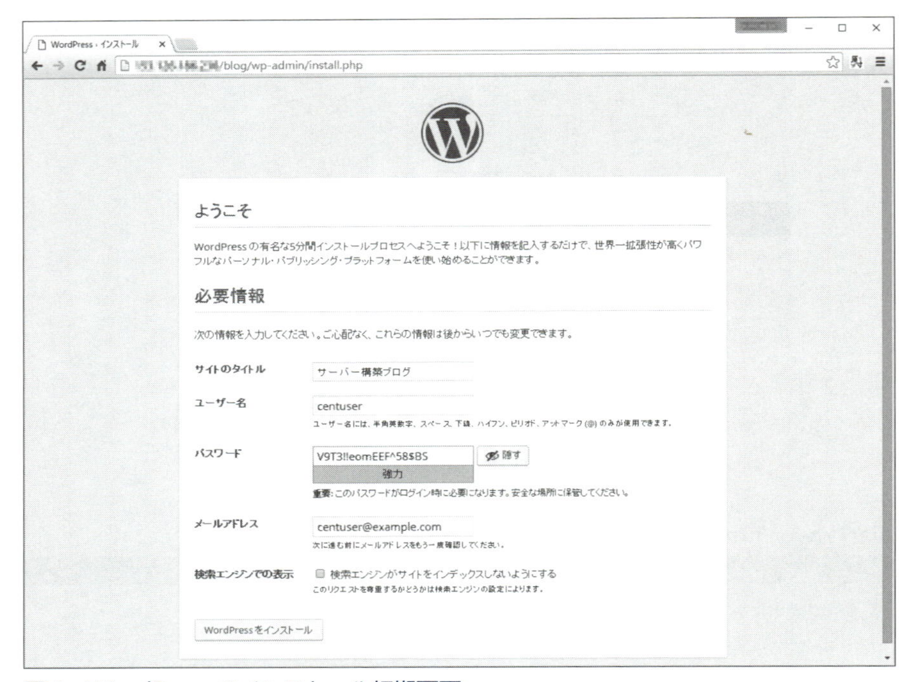

図4：WordPressのインストール初期画面

サイト名やユーザー名、パスワード、メールアドレスはお好きな値を入力してください。これらの値は後から変更できます。「WordPressをインストール」ボタンをクリックすると、WordPressのインストールが始まります（**図5**）。

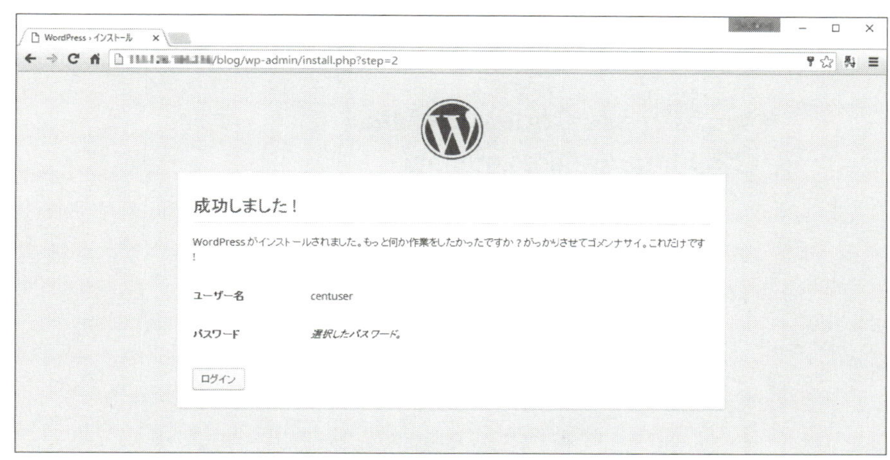

図5：WordPressのインストール完了画面

「ログイン」ボタンをクリックすると、ログイン画面になります。先ほど設定したユーザー名とパスワードを使ってログインしてください（**図6**）。

図6：WordPressのログイン画面

セットアップが終わったら、自由にWordPressを使ってみてください。『WordPress Codex 日本語版』（WordPress公式オンラインマニュアル）

のスタートガイドが参考になるでしょう。

▼WordPress Codex 日本語版
URL http://wpdocs.osdn.jp/

その他、たくさんのWebサイトや書籍がありますので、検索してみてください。

Column SELinuxの設定

SELinuxを有効にしたままでは、WordPressをインストールしてもアクセスできません。これは、WordPressを構成するファイルやディレクトリにSELinuxの適切な設定がされていないためです。以下のコマンドを実行すると、SELinuxを無効にしなくてもWordPressを運用できます。より高い安全性を求める場合は、SELinuxを有効にしたままにしておいてください。

SELinuxの設定

```
$ sudo setsebool -P httpd_can_network_connect_db 1
$ sudo setsebool -P httpd_tty_comm 1
$ sudo setsebool -P httpd_unified 1
$ sudo setsebool -P httpd_dbus_avahi 1
$ sudo semanage fcontext -a -t httpd_sys_content_t "/var/www/html/blog"
$ sudo semanage fcontext -a -t httpd_sys_rw_content_t "/var/www/html/
blog/wp-content(/.*)?"
$ sudo restorecon -R -v /var/www/html/blog
```

03 WordPressの管理

03-01 WordPressのバックアップ

WordPressは「WordPressディレクトリ内のファイル群」と「MariaDBのデータベース」で構成されています。WordPressをバックアップする際は、両方をバックアップする必要があります。

WordPressのディレクトリ（ここでは/var/www/html/blog/）内にあるwp-contentディレクトリをコピーしておけばいいでしょう。ここではwp-content.backup.20160210というディレクトリ名でコピーしています。

wp-contentディレクトリのバックアップ

```
$ sudo cp -r /var/www/html/blog/wp-content wp-content.backup.20160210
```

tarコマンドを使った圧縮アーカイブを作成してもよいでしょう。ここではwp-content.backup.20160210.tar.gzというファイル名で圧縮アーカイブを作成しています。

wp-contentディレクトリの圧縮アーカイブ作成

```
$ sudo tar czvf wp-content.backup.20160210.tar.gz /var/www/html/blog/wp-content
```

データベースのバックアップは、MariaDBの管理コマンドで行います。

```
書式 mysqldump -u root -p データベース名 > バックアップファイル名
```

次の例では、wpdbデータベースをwpdb.backupというファイルにバックアップしています。ファイル名は何でもかまいません。

wpdbデータベースのバックアップ

```
$ mysqldump -u root -p wpdb > wpdb.backup
Enter password: ●——— MariaDBのrootパスワードを入力
```

バックアップしたデータベースを元に戻すには、まず空のデータベースを作成し、そのデータベースにバックアップしたファイルを書き込みます。ここでは新たにwpdb2というデータベースを作成し、そこに復元してみます。

wpdb2データベースを作成

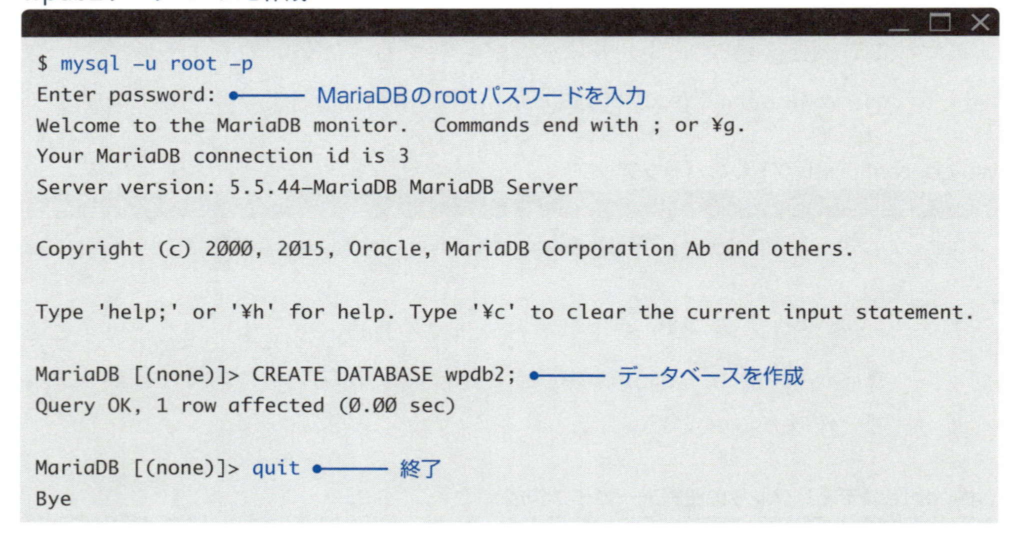

$ mysql -u root -p
Enter password: ●——— MariaDBのrootパスワードを入力
Welcome to the MariaDB monitor. Commands end with ; or ¥g.
Your MariaDB connection id is 3
Server version: 5.5.44-MariaDB MariaDB Server
Copyright (c) 2000, 2015, Oracle, MariaDB Corporation Ab and others.
Type 'help;' or '¥h' for help. Type '¥c' to clear the current input statement.
MariaDB [(none)]> CREATE DATABASE wpdb2; ●——— データベースを作成
Query OK, 1 row affected (0.00 sec)
MariaDB [(none)]> quit ●——— 終了
Bye

次のコマンドでバックアップファイルからデータベースにデータを書き込みます。データベース名とバックアップファイル名は適宜変更してください。

バックアップファイルから復元

```
$ mysql -u root -p wpdb2 < wpdb.backup
Enter password: ●——— MariaDBのrootパスワードを入力
```

03-02 WordPressの更新

WordPressは個別にインストールしたので、yumコマンドによる一括アップデートには対応していません。しかし、WordPress管理画面からオンラインでアップデートできるようになっていますので、最新バージョンが登場したらすみやかにアップデートしてください。WordPressは利用者も多く、その分脆弱性を狙った攻撃が多発しています。

WordPressに新しいバージョンが登場すると、管理画面に次のようなメッセージが表示されます（**図7**）。

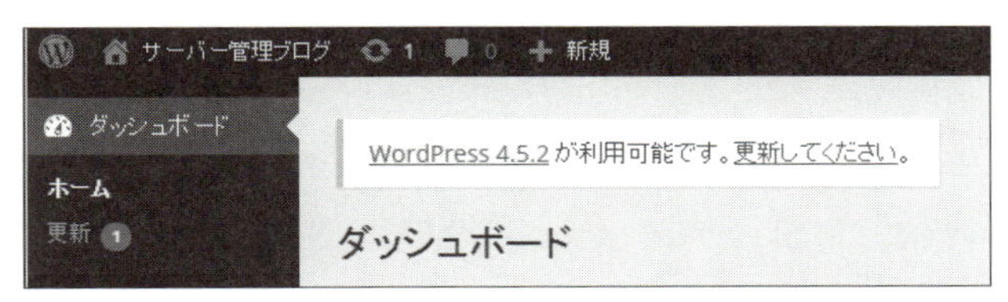

図7：更新の通知

更新メニューをクリックすると、更新内容が表示されます（**図8**）。

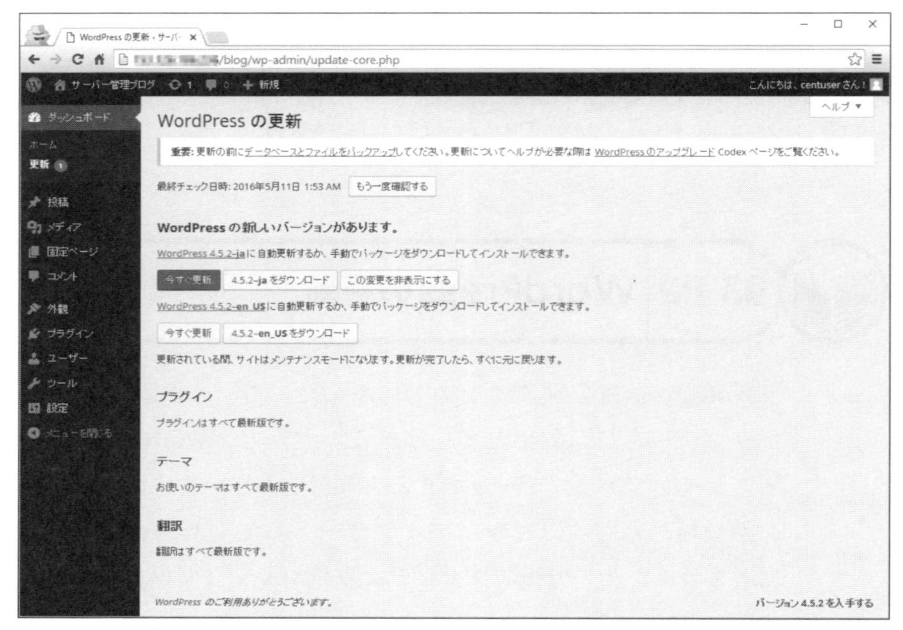

図8：更新内容

「今すぐ更新」ボタンをクリックすると、最新版にアップデートされます。ただし、最新版にアップデートすることにより、プラグインなどが動かなくなってしまうこともあります。重要なWordPressサイトをアップデートする場合は、事前にテスト環境で試しておくことをおすすめします。また、更新画面に「更新の前にデータベースとファイルをバックアップしてください」とあるとおり、データベースとファイルをバックアップしておけば、もしも最新版への更新が失敗したときでも元に戻せます。万が一の時に備え、バックアップしておくことをおすすめします。

8

セキュリティのポイントを押さえよう

インターネットに接続されたサーバーのセキュリティは重要です。1つ間違えば、情報の漏えいを招いたり、最悪の場合は知らぬ間に加害者になってしまうこともあります。この章では最低限やっておきたいセキュリティの話題を取り上げます。

01 セキュリティ対策の基本

01-01 不正侵入を防ぐ

Linuxサーバーに限らず、インターネットに接続されたサーバーを扱う上では、セキュリティには最大限の注意を払う必要があります。

もっとも気をつけなければならないのは不正侵入です。インターネットには、どこかに不正侵入できそうなコンピューターがないかを探している悪意の探索があふれています。まったく無名のサーバーであっても、その目から逃れることはできません。いったん不正侵入されてしまうと、サーバー内の情報が盗み出されてしまうほか、何らかの攻撃の足場（踏み台）として利用されてしまいます。サーバー管理者としては、不正侵入をなんとしても防がなければなりません。

EXPLOIT DATABASE　Home　Exploits　Shellcode　Papers　Google Hacking Database　Submit　Search

Web Application Exploits

This exploit category includes exploits for web applications.

Date	D	A	V	Title	Platform	Author
2016-02-26		-		**Infor CRM 8.2.0.1136 - Multiple HTML Script Injection Vulnerabilities**	**ashx**	**LiquidWorm**
2016-02-23		-		Dell OpenManage Server Administrator 8.2 - Authenticated Directory Traversal	windows	hantwister
2016-02-25		-		**IBM Lotus Domino <= R8 Password Hash Extraction Exploit**	**windows**	**Jonathan Broch.**
2016-02-24				WordPress Extra User Details Plugin 0.4.2 - Privilege Escalation	php	Panagiotis Vag.
2016-02-23		-		Ubiquiti Networks UniFi 3.2.10 - CSRF Vulnerability	json	Julien Ahrens
2016-02-22		-		InstantCoder 1.0 iOS - Multiple Vulnerabilities	ios	Vulnerability-.
2016-02-22		-		BlackBerry Enterprise Service < 12.4 (BES12) Self-Service - Multiple Vulnerabilities	java	Security-Asses.

Local & Privilege Escalation Exploits

This exploit category includes local exploits or privilege escalation exploits.

Date	D	A	V	Title	Platform	Author
2016-02-22		-		Core FTP Server 1.2 - Buffer Overflow PoC	windows	INSECT.B
2016-02-15		-		Windows Kerberos Security Feature Bypass (MS16-014)	windows	Nabeel Ahmed
2016-02-15				Delta Industrial Automation DCISoft 1.12.09 - Stack Buffer Overflow Exploit	windows	LiquidWorm
2016-02-15		-		Microsoft Windows - AFD.SYS Dangling Pointer Privilege Escalation (MS14-040)	win32	Rick Larabee
2016-02-10		-		Microsoft Windows WebDAV - Privilege Escalation (MS16-016)	windows	koczkatamas
2016-02-10		-		Deepin Linux 15 - lastore-daemon Privilege Escalation	linux	King's Way
2016-02-10		-		Wieland wieplan 4.1 Document Parsing Java Code Execution Using XMLDecoder	xml	LiquidWorm

図1：インターネットにあふれる攻撃情報サイトの例

では、不正侵入を許してしまう原因は何でしょうか。代表的な原因としては、

❶セキュリティに問題のあるソフトウェアが動作していた
❷簡単なパスワードを使っていた
❸サーバーの設定ミスがセキュリティホールを生み出していた

などが挙げられます。脆弱性（セキュリティホール）のあるソフトウェアがシステムに含まれていれば、それを利用した攻撃プログラムを使って不正侵入されたりサービスを停止させられたりしてしまいます。簡単なパスワードを設定しているアカウントがあれば、力尽くの総当たり攻撃で突破される可能性が高くなります。技術をよく理解しないままの設定が、システムの弱点をさらけ出してしまっていることも少なくありません。

こういったことを踏まえて、基本となるセキュリティ対策を以下に紹介します。

01-02 OSのアップデート

システムを構成するソフトウェアには、毎日のように不具合が発見されます。中には、セキュリティを打ち破る脆弱性につながるものも含まれます。不具合が修正されたソフトウェアはディストリビューターによって提供されます。CentOSの場合、yumコマンドを使ってシステムをアップデートすれば、OSおよび標準的なアプリケーションソフトウェアを最新の状態に保つことができます。第5章で説明したとおり、yum-cronを使った自動アップデートの仕組みを導入しておくことをおすすめします(P.115)。yum-cronサービスが有効になっているかどうかは、次のコマンドで確認できます。

yum-cronサービスが有効になっているかどうか確認

```
$ sudo systemctl is-active yum-cron
active
```

「active」となっていれば有効化されています。

01-03 サービスの確認

脆弱性のあるソフトウェアがインストールされていたとしても、すぐに攻撃の成功につながるわけではありません。ネットワーク経由の攻撃が有効なサーバープログラムがあったとしても、サーバープログラムが起動していなければ攻撃しようがありません。

ということは、稼働しているサーバープログラム（サービス）を必要最小限にとどめることが、サーバーの安全性を高めることになるのです。必要もないのに稼働していたサービスの脆弱性のせいで不正侵入されてしまうほどバカバカしいことはありません。次のコマンドを実行すると、サービスの自動起動の状態が確認できます*1。

サービスの自動起動の状態を確認

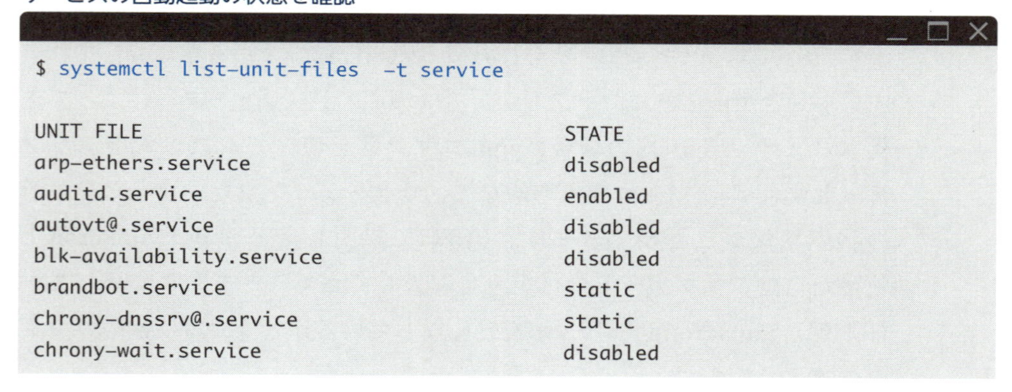

```
$ systemctl list-unit-files  -t service

UNIT FILE                                  STATE
arp-ethers.service                         disabled
auditd.service                             enabled
autovt@.service                            disabled
blk-availability.service                   disabled
brandbot.service                           static
chrony-dnssrv@.service                     static
chrony-wait.service                        disabled
```

*1　lessコマンドを使って表示されます。操作についてはlessコマンドの使い方（P.67）を参照してください。

```
chronyd.service                           enabled
console-getty.service                     disabled
console-shell.service                     disabled
container-getty@.service                  static
cpupower.service                          disabled
crond.service                             enabled

(以下省略)
```

STATE欄で「enabled」となっているのは自動起動が有効なサービス、「disabled」となっているのは自動起動が無効となっているサービス、「static」は自動起動が設定できないサービスです。「enabled」となっているサービスをチェックしてください。不要と判断すれば、systemctlコマンドを使って自動起動を無効にします。ここでは、kdumpサービスの自動起動を無効にします。

kdumpサービスの自動起動を無効化

```
$ sudo systemctl disable kdump.service
Removed symlink /etc/systemd/system/multi-user.target.wants/kdump.service.
```

参考　kdumpはカーネルがクラッシュした際にその状況を記録するためのサービスです。サポートサービスの利用や高度な解析を行わないのであれば不要でしょう。

01-04 開いているポートの確認

Webサーバーが動作していれば、そのWebサーバーは80番ポートを開いて接続を待ち受けています。ということは、開いている（待ち受けている）ポートを調べれば、どんなサーバーやサービスが動作しているかを確認できます。開いている（待ち受けている）ポートを調べるには、netstat

コマンドを使います（**表1**）。次の例では、開いているTCPおよびUDPポートを表示しています。

開いているTCP/UDPポートを表示

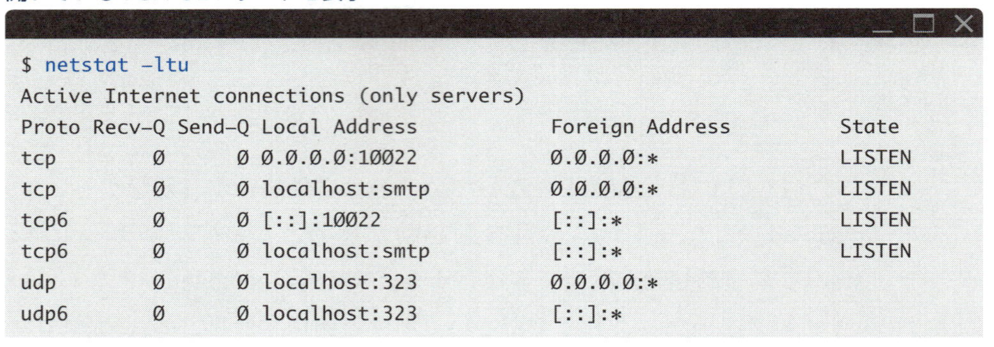

```
$ netstat -ltu
Active Internet connections (only servers)
Proto Recv-Q Send-Q Local Address           Foreign Address         State
tcp        0      0 0.0.0.0:10022           0.0.0.0:*               LISTEN
tcp        0      0 localhost:smtp          0.0.0.0:*               LISTEN
tcp6       0      0 [::]:10022              [::]:*                  LISTEN
tcp6       0      0 localhost:smtp          [::]:*                  LISTEN
udp        0      0 localhost:323           0.0.0.0:*
udp6       0      0 localhost:323           [::]:*
```

次の例では、開いているTCPポートを表示しています。

開いているTCPポートを表示

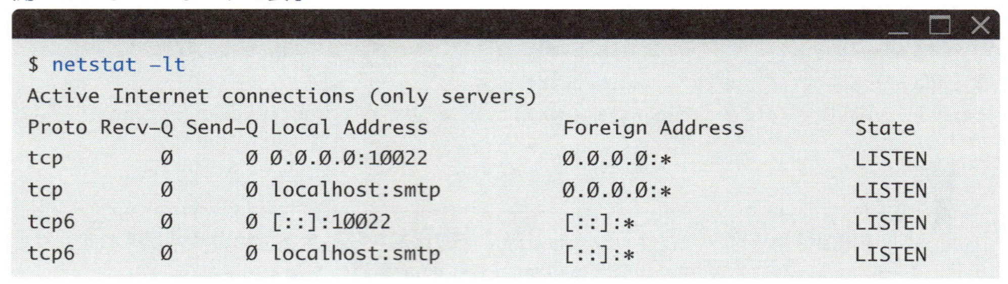

```
$ netstat -lt
Active Internet connections (only servers)
Proto Recv-Q Send-Q Local Address           Foreign Address         State
tcp        0      0 0.0.0.0:10022           0.0.0.0:*               LISTEN
tcp        0      0 localhost:smtp          0.0.0.0:*               LISTEN
tcp6       0      0 [::]:10022              [::]:*                  LISTEN
tcp6       0      0 localhost:smtp          [::]:*                  LISTEN
```

次の例では、開いているTCPポート（IPv4のみ）を表示しています。

開いているTCPポートでIPv4のみ表示

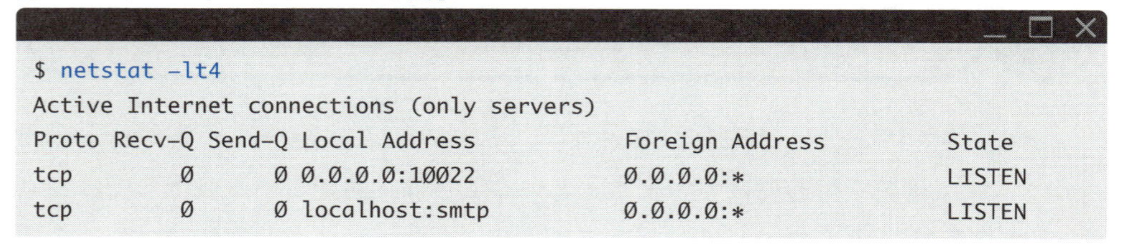

```
$ netstat -lt4
Active Internet connections (only servers)
Proto Recv-Q Send-Q Local Address           Foreign Address         State
tcp        0      0 0.0.0.0:10022           0.0.0.0:*               LISTEN
tcp        0      0 localhost:smtp          0.0.0.0:*               LISTEN
```

なお、CentOS 7からはnetstatコマンドの代わりにssコマンドを使うことが推奨されています。どちらのコマンドを使ってもかまいません＊2。

次の例では、開いているTCPおよびUDPポートを表示しています。

開いているTCP/UDPポートを表示

```
$ ss -ltu
Netid  State       Recv-Q Send-Q Local Address:Port        Peer Address:Port
udp    UNCONN      0      0      127.0.0.1:323              *:*
udp    UNCONN      0      0          ::1:323                :::*
tcp    LISTEN      0      128      *:20022                  *:*
tcp    LISTEN      0      100    127.0.0.1:smtp             *:*
tcp    LISTEN      0      128    :::20022                   :::*
tcp    LISTEN      0      100        ::1:smtp               :::*
```

次の例では、開いているTCPポートを表示しています。

開いているTCPポートを表示

```
$ ss -lt
State      Recv-Q Send-Q Local Address:Port                  Peer Address:Port
LISTEN     0      128         *:10022                    *:*
LISTEN     0      100    127.0.0.1:smtp                         *:*
LISTEN     0      128        :::10022                   :::*
LISTEN     0      100      ::1:smtp                     :::*
```

表1：netstat/ssコマンドの主なオプション

オプション	説明
-l	接続を待ち受け（listen）しているポートのみ表示する
-t	TCPを表示する
-u	UDPを表示する
-n	ポートやホストを数値で表示する
-p	ポートを開いているプロセスを表示する
-4	IPv4のみ表示する
-6	IPv6のみ表示する

＊2 ssコマンドはまだ動作に不安が残ること、netstatコマンドの方が若干見やすいことから、個人的にはnetstatコマンドでよいと思います。

何のサービスがポートを開いているか分からないときは、netstatコマンドのpオプション（ポートを開いているプロセスの表示）を使いましょう。次の例では、323番ポートを開いているサービスを絞り込んで表示しています。

323番ポートを開いているサービスを確認

```
$ sudo netstat -lup | grep 323
udp        0      0 localhost:323           0.0.0.0:*                           659/chronyd
udp6       0      0 localhost:323           [::]:*                              659/chronyd
```

第5章で取り上げたchronydサービスであることが判明しました。

01-05 ログイン管理

すべてのLinuxにはrootユーザーが存在しています。外部から適当なユーザー名とパスワードで不正ログインを試みる場合、一般ユーザーではユーザー名とパスワードの両方を推測しなければなりませんが、rootユーザーであればパスワードを推測するだけですみます。その上、rootユーザーは一般ユーザーよりもはるかに大きな権限を持っていますから、rootユーザーアカウントを奪うことができれば、そのサーバーのすべてを思いどおりにできるわけです。そのため、外部からのログインは一般ユーザーのみに限定し、rootユーザーは禁止すべきです。

必ずやってほしいのは、SSHの設定で、rootユーザーのログインを禁止することです。第2章でも取り上げましたが、/etc/ssh/sshd_configファイルのPermitRootLoginパラメータを書き換えます。

リスト1：/etc/ssh/sshd_configファイルの抜粋 - rootログインの禁止

```
PermitRootLogin no
```

このようになっていればOKです。さらに、ログイン可能なユーザーを作業用のユーザーのみに限定しましょう。

書式 **AllowUsers ユーザー名**

AllowUsersパラメーターに、接続を許可するユーザーを指定します。centuserユーザーの場合は次のようにすれば、centuserユーザー以外のログインは禁止されます。

リスト2：/etc/ssh/sshd_configファイルの抜粋 - 許可ユーザーの指定

```
AllowUsers centuser
```

すでに第2章で紹介済みの待ち受けポートの変更も効果的です。

リスト3：/etc/ssh/sshd_configファイルの抜粋 - 待ち受けポートの変更

```
Port 10022
```

設定を変更したときは、SSHサーバーの再起動が必要です。

SSHサーバーを再起動

```
# systemctl restart sshd.service
```

システム管理者としては、過去にいつ誰がログインしたかをいつでも確認できなければなりません。lastコマンドを実行すると、ログインユーザーと接続元、ログイン日時が確認できます。

過去のログイン情報を確認

```
$ last
centuser pts/0        10x20x127x149.ap Mon Feb 22 08:43 - still logged in
centuser pts/0        10x20x127x149.ap Mon Feb 22 06:53 - 06:54  (00:00)
```

```
centuser pts/0        10x20x127x149.ap Mon Feb 22 04:48 - 06:52  (02:04)
centuser pts/0        10x20x127x149.ap Mon Feb 22 01:13 - 01:23  (00:10)
centuser pts/0        10x20x127x149.ap Sun Feb 21 13:43 - 16:24  (02:41)
centuser pts/0        10x20x127x149.ap Sun Feb 21 11:02 - 11:14  (00:12)
centuser pts/0        10x20x127x149.ap Sun Feb 21 10:30 - 11:01  (00:30)
centuser pts/0        10x20x127x149.ap Sun Feb 21 01:31 - 07:07  (05:35)
centuser pts/0        10x20x127x149.ap Sat Feb 20 04:14 - 05:45  (01:30)
centuser pts/0        10x20x127x149.ap Fri Feb 19 02:39 - 05:49  (03:09)
reboot   system boot  3.10.0-327.4.5.e Thu Feb 18 19:36 - 04:54 (14+09:17)
centuser pts/0        10x20x127x149.ap Thu Feb 18 19:08 - 19:36  (00:27)
centuser tty1                          Thu Feb 18 08:42 - 08:42  (00:00)
centuser pts/0        10x20x127x149.ap Thu Feb 18 05:45 - 08:58  (03:12)
centuser pts/0        10x20x127x149.ap Wed Feb 17 23:11 - 23:45  (00:34)
centuser pts/0        10x20x127x149.ap Wed Feb 17 18:13 - 18:29  (00:15)
centuser pts/0        10x20x127x149.ap Wed Feb 17 06:10 - 06:45  (00:35)
centuser pts/0        10x20x127x149.ap Tue Feb 16 03:00 - 05:50  (02:49)
centuser pts/0        10x20x127x149.ap Mon Feb 15 22:21 - 23:31  (01:10)
centuser pts/1        10x20x127x147.ap Thu Feb 11 13:50 - 13:51  (00:00)
centuser pts/0        10x20x127x149.ap Thu Feb 11 13:42 - 14:03  (00:20)
```

ユーザーごとの最終ログインは、lastlogコマンドで調べられます。

ユーザーごとの最終ログインを確認

```
$ lastlog
Username         Port     From             Latest
root             pts/0                     Thu Feb 18 19:27:19 +0900 2016
bin                                        **Never logged in**
daemon                                     **Never logged in**
adm                                        **Never logged in**
lp                                         **Never logged in**
sync                                       **Never logged in**
shutdown                                   **Never logged in**
halt                                       **Never logged in**
mail                                       **Never logged in**
operator                                   **Never logged in**
games                                      **Never logged in**
ftp                                        **Never logged in**
nobody                                     **Never logged in**
avahi-autoipd                              **Never logged in**
systemd-bus-proxy                           **Never logged in**
```

```
systemd-network                                         **Never logged in**
dbus                                                    **Never logged in**
polkitd                                                 **Never logged in**
tss                                                     **Never logged in**
postfix                                                 **Never logged in**
chrony                                                  **Never logged in**
sshd                                                    **Never logged in**
centuser         pts/0    10x20x127x149.ap Mon Feb 22 08:43:10 +0900 2016
apache                                                  **Never logged in**
mysql                                                   **Never logged in**
```

これらのコマンドを使って、不審なログインがないかどうかを調べてください。

01-06 ログの管理

CentOS 7では、システム上の各種イベントをログに記録する仕組みにはいくつかの種類があります。各種ログメッセージをとりまとめて扱うrsyslogサービス、各種サービスやシステムの起動を管理するsystemd、Apacheなど単独でログを管理するサービス、の3つです。rsyslogサービスやApacheが出力するログファイルは、/var/logディレクトリ以下に保存されます（**表2**）。

表2：主なログファイル

ログファイル	説明
/var/log/messages	システムの汎用ログファイル
/var/log/secure	認証関連のログファイル
/var/log/boot.log	サービスの起動・停止の記録
/var/log/cron	cronジョブのログファイル
/var/log/dmesg	カーネルが出力するメッセージの記録
/var/log/maillog	メールサブシステム（Postfix等）のログファイル
/var/log/yum.log	YUMによるパッケージ情報操作記録
/var/log/httpd/	Apacheが出力するログファイル用ディレクトリ
/var/log/mariadb/	MariaDBが出力するログファイル用ディレクトリ

これらのログファイルはテキストファイルなので、lessコマンドで読むことができます。ただしroot権限が必要なログファイルが多いので、一般ユーザーで開けないときはsudoコマンドを使ってください。

/var/log/messagesの内容を表示

```
$ sudo less /var/log/messages
```

ログファイルには1つのログメッセージにつき1行で記録されています。

書式　日時　ホスト名　メッセージ出力元　メッセージ

リスト4：ログの例

```
Feb 17 06:34:05 centos7 su: (to root) centuser on pts/0
```

リスト4では、2月17日6時34分にcentuserユーザーがsuコマンドを使ってrootユーザーになったことが記録されています。

ところで、ログファイルには日々ログが記録され大きくなっていくので、定期的にバックアップが取られるようになっています。例えば/var/log/messagesのバックアップを見てみます。

/var/log/messagesのバックアップファイル

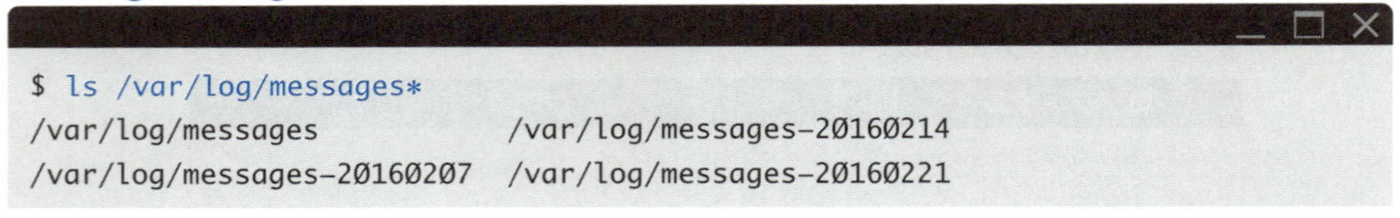

```
$ ls /var/log/messages*
/var/log/messages            /var/log/messages-20160214
/var/log/messages-20160207   /var/log/messages-20160221
```

このように、バックアップ日時がファイル名に追加され、バックアップされています。デフォルトでは、1週間に1回、自動的にバックアップが実施されます。ところが、このバックアップは最大4つ（4週間分）しか保存されません。ログファイルの自動バックアップは、/etc/logrotate.confにあります。冒頭付近に次のような行があります。

リスト5：/etc/logrotate.conf（抜粋）

```
# keep 4 weeks worth of backlogs
rotate 4
```

「4」の部分を「52」に変更すると、約1年間のログファイルが残されることになります。4週間分ではあまりに短いので、少なくとも3ヶ月分（13週間）以上は保存しておいた方がよいでしょう。

参考　筆者は保存期間を52週間（1年）とし、週に1回ネットワーク経由で別のサーバーへバックアップをしています。万が一サーバーがクラックされたりファイルが壊れてしまったりしても、大切なログを失わないようにするためです。

CentOS 7では、サービスを管理するsystemdが独自のログを記録しています。journalctlコマンドを実行することで、systemdのログを確認できます。

書式　**journalctl [-u サービス名]**

MariaDB関連のログメッセージを確認

```
$ sudo journalctl -u mariadb.service
-- Logs begin at Thu 2016-02-18 19:36:52 JST, end at Fri 2016-02-25 05:17:06 JST
Feb 21 14:07:25 centos7.example.com systemd[1]: Starting MariaDB database server
Feb 21 14:07:25 centos7.example.com mariadb-prepare-db-dir[28714]: Initializing
Feb 21 14:07:25 centos7.example.com mariadb-prepare-db-dir[28714]: Installing Ma
Feb 21 14:07:25 centos7.example.com mariadb-prepare-db-dir[28714]: 160221 14:07:
Feb 21 14:07:27 centos7.example.com mariadb-prepare-db-dir[28714]: OK
```

02 ファイヤウォールの管理

02-01 ファイヤウォールとは

ファイヤウォールは、ネットワーク通信を監視し、あらかじめ決められたルールに従って通信を許可したり遮断したりするセキュリティ機構です。具体的には、パケット単位で通行の許可、拒否を判断します（パケットフィルタリング）。LinuxにはNetfilterというパケットフィルタリング機構が搭載されており、CentOS 7ではfirewalldで管理します*3。

firewalldには、ゾーンという概念があります。ゾーンは、パケットフィルタリングのルールをまとめたもので、ネットワークを抽象化して表したものです。あらかじめ9つが定義されています（**表3**）。

表3：firewalldのゾーン

ゾーン名	説明
public	インターネット上の公開サーバー用（デフォルト）
dmz	DMZ*4
work	社内LANにあるクライアントPC用
home	家庭内LANにあるクライアントPC用
internal	内部ネットワークのインターフェース設定用
external	外部ネットワークのインターフェース設定用
block	受信パケットをすべて拒否
drop	受信パケットをすべて破棄
trusted	すべての通信を許可

＊3　CentOS 6まではiptablesを使っていました。iptablesはCentOS 7でも使えます。

＊4　インターネットと社内LANの中間に設置される公開エリア。

firewalldでは、ゾーンに対してパケットフィルタリングのルールを設定し、それをネットワークインターフェースに適用します。

02-02 firewall-cmdコマンド

firewalldの設定はfirewall-cmdコマンドで行います。

書式 `firewall-cmd オプション [--zone=ゾーン名]`

例えば、デフォルトで定義されているゾーンの一覧を表示してみましょう。

ゾーンの一覧を表示

```
$ sudo firewall-cmd --get-zones
block dmz drop external home internal public trusted work
```

firewall-cmdコマンドは、デフォルトではpublicゾーンが対象になります。publicゾーンで許可されているサービスの一覧を確認してみます。DHCP、HTTP、SSHの3つが許可されていることが分かります。

許可されているサービスを確認

```
$ sudo firewall-cmd --list-services
dhcpv6-client http ssh
```

SSL/TLSによる安全なHTTP接続（HTTPS）も許可するよう設定してみましょう。

HTTPSの許可を追加

```
$ sudo firewall-cmd --add-service=https
success
```

許可されているサービスの一覧を表示すると、HTTPSが追加されたのが分かります。

許可されているサービスを確認

```
$ sudo firewall-cmd --list-services
dhcpv6-client http https ssh
```

許可したサービスを削除するときは、--add-serviceの代わりに--remove-serviceオプションを使います。

HTTPSサービスを削除

```
$ sudo firewall-cmd --remove-service=https
success
```

どのようなサービスが定義されているかは、--get-servicesオプションで確認できます。

定義されているサービスを表示

```
$ sudo firewall-cmd --get-services
RH-Satellite-6 amanda-client bacula bacula-client dhcp dhcpv6 dhcpv6-client d⏎
ns freeipa-ldap freeipa-ldaps freeipa-replication ftp high-availability http h⏎
ttps imaps ipp ipp-client ipsec iscsi-target kerberos kpasswd ldap ldaps libv⏎
irt libvirt-tls mdns mountd ms-wbt mysql nfs ntp openvpn pmcd pmproxy pmwebap⏎
i pmwebapis pop3s postgresql proxy-dhcp radius rpc-bind rsyncd samba samba-cl⏎
ient smtp ssh telnet tftp tftp-client transmission-client vdsm vnc-server wbe⏎
m-https
```

02-03 サービスの定義ファイル

サービスの定義ファイルは、/usr/lib/firewalld/servicesディレクトリにあります。

サービスの定義ファイル

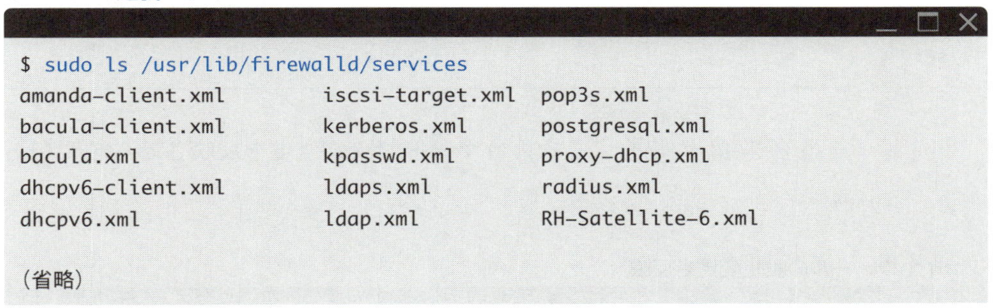

```
$ sudo ls /usr/lib/firewalld/services
amanda-client.xml        iscsi-target.xml  pop3s.xml
bacula-client.xml        kerberos.xml      postgresql.xml
bacula.xml               kpasswd.xml       proxy-dhcp.xml
dhcpv6-client.xml        ldaps.xml         radius.xml
dhcpv6.xml               ldap.xml          RH-Satellite-6.xml

（省略）
```

HTTPのサービス定義ファイルを見てみましょう。

リスト6：/usr/lib/firewalld/services/http.xml

```
<?xml version="1.0" encoding="utf-8"?>
<service>
  <short>WWW (HTTP)</short>
  <description>HTTP is the protocol used to serve Web pages. If you plan to m⏎
ake your Web server publicly available, enable this option. This option is not⏎
 required for viewing pages locally or developing Web pages.</description>
  <port protocol="tcp" port="80"/> ●──── ポート番号
</service>
```

これらの定義ファイルは変更しないでください。定義を変更したり、追加したりする場合は、定義ファイルを/etc/firewalld/servicesディレクトリに配置します。第2章ではSSHの定義ファイルを書き換えました。

リスト7：/etc/firewalld/services/ssh.xml

```
<?xml version="1.0" encoding="utf-8"?>
<service>
  <short>SSH</short>
  <description>Secure Shell (SSH) is a protocol for logging into and executin⏎
g commands on remote machines. It provides secure encrypted communications. I⏎
f you plan on accessing your machine remotely via SSH over a firewalled inter⏎
face, enable this option. You need the openssh-server package installed for th⏎
is option to be useful.</description>
  <port protocol="tcp" port="10022"/>
</service>
```

定義を変更した場合は、次のコマンドで設定変更を反映させる必要があります。

ファイヤウォールの設定変更を反映

```
$ sudo firewall-cmd --reload
```

Column ファイヤウォールの過信は禁物

ネットワーク経由の攻撃がすべてファイヤウォールで防げるわけではありません。パケットフィルタリング型のファイヤウォールは比較的シンプルなルールに基づいてアクセスを制御していますので、例えばWebアプリケーションに潜む脆弱性を狙った攻撃や、適当な名前とパスワードを使ったなりすまし攻撃などには十分な対処ができません（正統なアクセスとの識別が困難なためです）。同一IPアドレスからの連続した試行を制限する、といった対処は可能ですが、それでは不十分です。どんなに細かな設定を行っても、すべての攻撃を防ぐことはできません。ファイヤウォールが動作しているからといって、それだけで安心するわけにはいかないのです。

03 SSH

03-01 SSHの概要

すでにSSHで接続できるようになっていると思いますが、ここで改めてSSHについて説明しておきましょう。SSH（Secure SHell）は、リモートホスト間の通信を安全にするための仕組みです。強力な認証機能と暗号化により、リモート操作やファイル転送を安全に実施できます。

SSHでは、接続時にホスト認証が行われます。ホスト認証は接続先サーバーの正当性を確認する仕組みで、うっかり偽サーバーに接続してしまう危険を排除します。接続時には、サーバー固有のホスト認証鍵（公開鍵）がサーバーからクライアントに送られ、クライアント側で保存しているサーバーのホスト認証鍵と比較して、一致するかどうかを確認します（**図2**）。

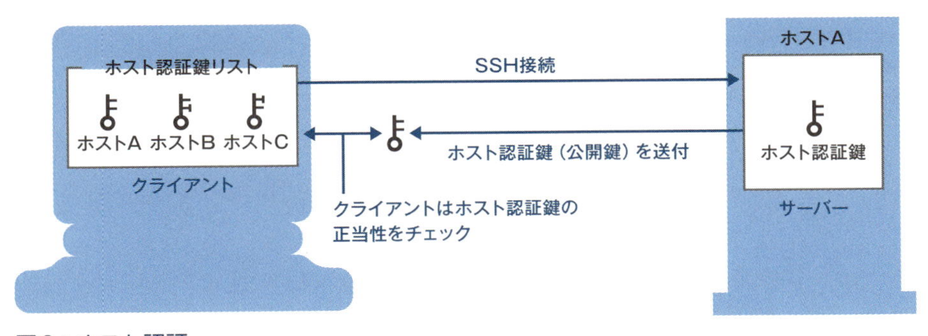

図2：ホスト認証

ただし、初回接続時にはまだ接続先サーバーのホスト認証鍵を持っていませんから、比較しようがありません。そこで、サーバーから送られてきたホスト認証鍵をクライアント内に登録してよいかどうかのメッセージが表示されます（Tera Termでは確認ウィンドウが表示されます）。

SSH初回接続時に表示されるメッセージ

```
$ ssh centos7.example.com
The authenticity of host '[centos7.example.com] ([fe80::9ea3:baff:fe01:e73c%e
th0])' can't be established.
ECDSA key fingerprint is 56:33:25:77:0c:7d:cf:7f:99:46:38:64:a2:cb:13:17.
Are you sure you want to continue connecting (yes/no)? yes ←── yesと入力
```

「yes」と入力すると、サーバーのホスト認証鍵が、$HOME/.ssh/known_hostsファイルに登録されます*5。次回からは同様のメッセージは表示されません。もし悪意のある第三者がなりすました偽サーバーに接続してしまったら、偽サーバーのホスト認証鍵はあらかじめ登録されているものとは異なるため、次のようなメッセージが表示されて異常に気がつきます。

偽サーバーに接続した際のメッセージ

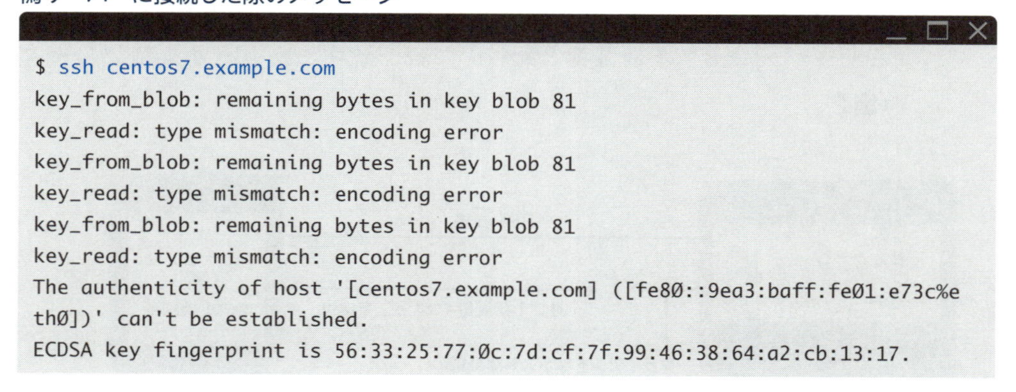

```
$ ssh centos7.example.com
key_from_blob: remaining bytes in key blob 81
key_read: type mismatch: encoding error
key_from_blob: remaining bytes in key blob 81
key_read: type mismatch: encoding error
key_from_blob: remaining bytes in key blob 81
key_read: type mismatch: encoding error
The authenticity of host '[centos7.example.com] ([fe80::9ea3:baff:fe01:e73c%e
th0])' can't be established.
ECDSA key fingerprint is 56:33:25:77:0c:7d:cf:7f:99:46:38:64:a2:cb:13:17.
```

ホスト認証をパスすると、次にユーザー認証が行われます。ユーザー認証には、ユーザー名とパスワードで認証する方法と、公開鍵認証とがあります。

＊5 「$HOME」はホームディレクトリを示します。

03-02 sshコマンド

第2章でも取り上げましたが、SSH接続のクライアントコマンドであるsshコマンドの使い方を確認しておきましょう。

書式　ssh ［オプション］ ［ユーザー名@］接続先ホスト名またはIPアドレス

次の例では、centos7.example.comに接続します。

centos7.example.comに接続

```
$ ssh centos7.example.com
```

ユーザー名を指定すると、指定されたユーザーとしてサーバーに接続します。次の例では、webmasterユーザーとしてcentos7.example.comに接続します。もちろん、webmasterユーザーのパスワードを入力しなければなりません。

webmasterユーザーとしてcentos7.example.comに接続

```
$ ssh webmaster@centos7.example.com
```

本書でやっているように、SSHのポート番号を変更しているときは、-pオプションでポート番号を指定します。

10022番ポートでcentos7.example.comに接続

```
$ ssh -p 10022 centos7.example.com
```

毎回ポート番号を指定するのが面倒なら、$HOME/configファイルを作成し、次のようにデフォルトのポート番号を指定します。

リスト8：$HOME/configファイルの設定例

```
Port 10022
```

$HOME/configファイルは、所有者のみが読み書きできるアクセス権（rw- --- ---）を設定しておく必要があります。

所有者のみが読み書きできるアクセス権を設定

```
$ chmod 600 .ssh/config
```

03-03 公開鍵認証

パスワード認証は、パスワードが漏れてしまったり、たまたま推測されてしまったりすると、第三者でもログインできてしまうため、インターネットサーバーで利用するのは好ましくありません。公開鍵認証を使うと、あらかじめ対となる公開鍵・秘密鍵のペアを接続先サーバーとクライアントに設定しておくことで、パスワードを使わない、安全な認証が可能となります。

公開鍵認証をするには、あらかじめ接続先サーバーに公開鍵を登録し、クライアント側は秘密鍵を持っておきます（**図3**）。

それでは、Tera Termで公開鍵・秘密鍵のペアを作成しましょう。設定メニューから「SSH鍵生成」をクリックします（**図4**）。

「生成ボタン」をクリックすると、公開鍵・秘密鍵のペアが生成されます。鍵の種類は選択できますが、デフォルトのRSAでよいでしょう。

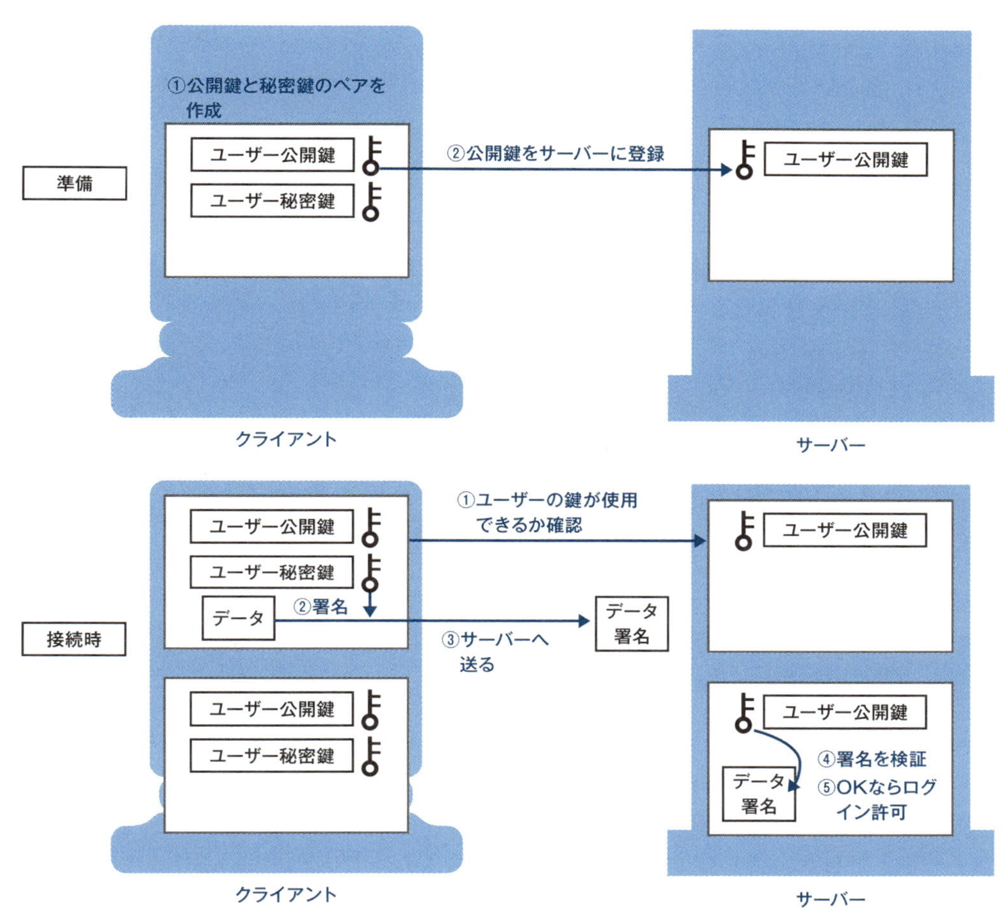

図3：公開鍵認証

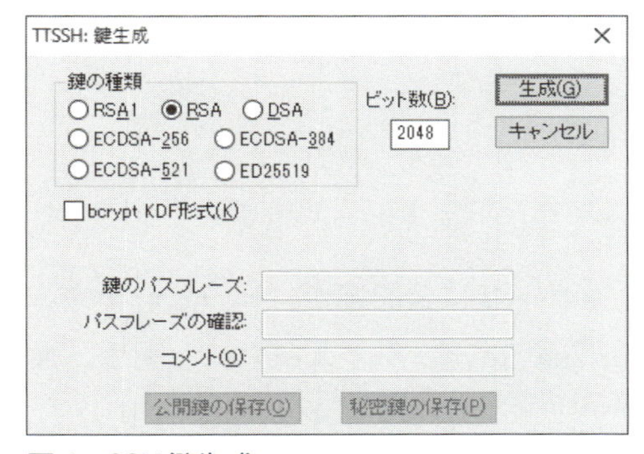

図4：SSH鍵生成

次に、パスフレーズを設定します。パスフレーズは、秘密鍵を利用する際に必要となる文字列です。スペースを含む、パスワードよりも長く複雑な文字列を設定できますので、なるべく複雑な文字列にしましょう*6。パスフレーズを設定したら、「公開鍵の保存」「秘密鍵の保存」ボタンを押して、それぞれを任意のフォルダ内に保存してください。デフォルトのファイル名は、公開鍵は「id_rsa.pub」、秘密鍵は「id_rsa」です（**図5**）。

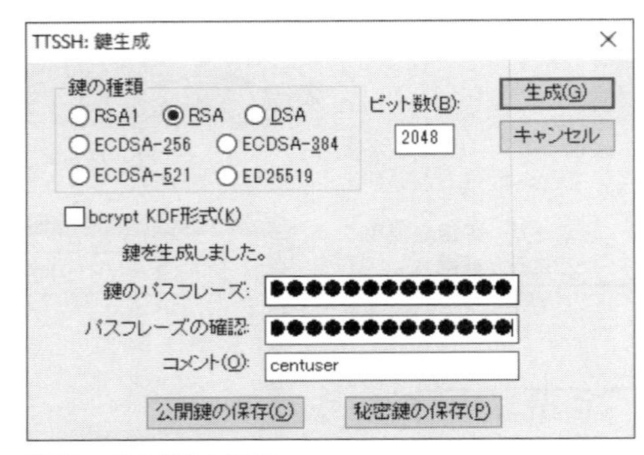

図5：SSH鍵の保存

公開鍵「id_rsa.pub」をサーバー側にコピーします。VPSに接続した状態で、id_rsa.pubファイルをTera Termのウィンドウ内にドラッグアンドドロップしてください。ファイル転送ダイアログが表示されます（**図6**）。

Tera Term: ファイル ドラッグ&ドロップ
ファイル転送を行いますか？
SCP: ~/
ファイル送信　SCP　Cancel

図6：ファイルの転送

SCPボタンを押すと、ホームディレクトリに公開鍵がコピーされます。

次に公開鍵を$HOME/.ssh/authorized_keysファイルに登録します。最

＊6　パスフレーズは空でもかまいませんが、安全性は低下します。

初はこのファイルは存在しません。次のコマンドで作成されます。

公開鍵をauthorized_keysファイルに登録

```
$ cat id_rsa.pub >> .ssh/authorized_keys
```

　authorized_keysファイルは、所有者のみが読み書きできるアクセス権（rw- --- ---）に設定しておく必要があります。

所有者のみが読み書きできるアクセス権に変更

```
$ chmod 600 .ssh/authorized_keys
```

　これで準備が完了しました。いったんログアウトし、再度Tera Termで接続します。認証の画面で、ユーザー名とパスフレーズを入力し、「プレインテキストを使う」から「RSA/DSA/ECDSA/ED25519鍵を使う」に切り替え、先ほど保存した秘密鍵ファイルを指定します。OKをクリックすると接続されるはずです（**図7**）。うまくいかないときは、作成したファイルをいったん削除し、やり直してみてください。

SSH認証
ログイン中:
認証が必要です.
ユーザ名(N): centuser
パスフレーズ(P): ●●●●●●●
パスワードをメモリ上に記憶する(M)
エージェント転送する(O)
プレインパスワードを使う(L)
RSA/DSA/ECDSA/ED25519鍵を使う　秘密鍵(K):　C:¥Users¥ynaka_0
rhosts(SSH1)を使う　ローカルのユーザ名(U):
ホスト鍵(F):
チャレンジレスポンス認証を使う(キーボードインタラクティブ)(C)
Pageantを使う
OK　接続断(D)

図7：公開鍵認証でログイン

公開鍵認証がうまくいったら、安全性を高めるため、SSHサーバーの設定を変更し、パスワード認証を無効にしておきましょう。PasswordAuthenticationパラメーターを「yes」から「no」に変更します。

SSHサーバーの設定ファイルを開く

```
$ sudo nano /etc/ssh/sshd_config
```

リスト9：/etc/ssh/sshd_configファイルの変更箇所

```
PasswordAuthentication no
```

変更が終わったら、設定を再読み込みして変更を反映します。

SSHサービスの設定を再読み込み

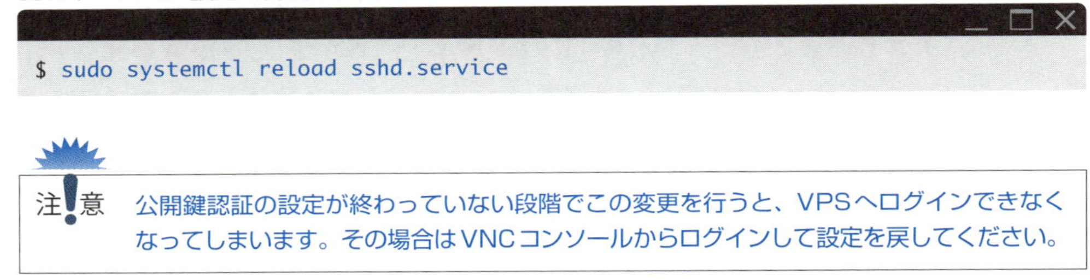

```
$ sudo systemctl reload sshd.service
```

注意　公開鍵認証の設定が終わっていない段階でこの変更を行うと、VPSへログインできなくなってしまいます。その場合はVNCコンソールからログインして設定を戻してください。

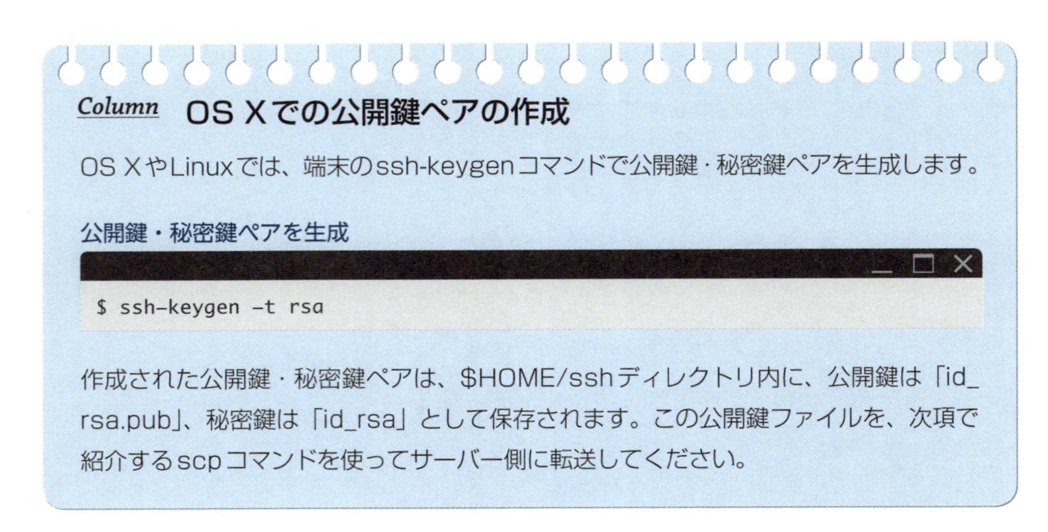

Column　OS Xでの公開鍵ペアの作成

OS XやLinuxでは、端末のssh-keygenコマンドで公開鍵・秘密鍵ペアを生成します。

公開鍵・秘密鍵ペアを生成

```
$ ssh-keygen -t rsa
```

作成された公開鍵・秘密鍵ペアは、$HOME/sshディレクトリ内に、公開鍵は「id_rsa.pub」、秘密鍵は「id_rsa」として保存されます。この公開鍵ファイルを、次項で紹介するscpコマンドを使ってサーバー側に転送してください。

03-04 SCP

scpコマンドを使うと、SSHの仕組みを使ってホスト間で安全なファイル転送ができます。主なオプションは**表4**のとおりです。

書式 **scp [オプション] コピー元 コピー先**

表4：scpコマンドの主なオプション

オプション	説明
-P ポート	ポート番号を指定する
-p	パーミッションを保持したままコピーする
-r	ディレクトリをコピーする

コピー元やコピー先は、次の書式でユーザー、ホスト、ファイルを指定します。

書式 **[ユーザー名@]ホスト名またはIPアドレス：ファイルのパス**

scpコマンドは、リモートホストにあるファイルをローカルにも、ローカルにあるファイルをリモートホストにもコピーできます。次の例では、ローカルホストのカレントディレクトリにあるsampleファイルを、リモートホストsv3.example.comの/tmpディレクトリにコピーします。

ローカルホストからリモートホストへのコピー1

```
$ scp sample sv3.example.com:/tmp
```

次の例では、リモートホストにある/etc/hostsファイルをカレントディレクトリにコピーします。

リモートホストからローカルホストへのコピー

```
$ scp sv3.example.com:/etc/hosts .
```

リモートホストのユーザー名がローカルホストと異なる場合は、ユーザー名を指定します。次の例では、リモートホストsv3.example.comのwebmasterユーザーのホームディレクトリに、ローカルホストのsampleファイルをコピーします。ファイル名を指定しないときでも「:」は省略できない点に注意してください。

ローカルホストからリモートホストへのコピー2

```
$ scp sample webmaster@sv3.example.com:
```

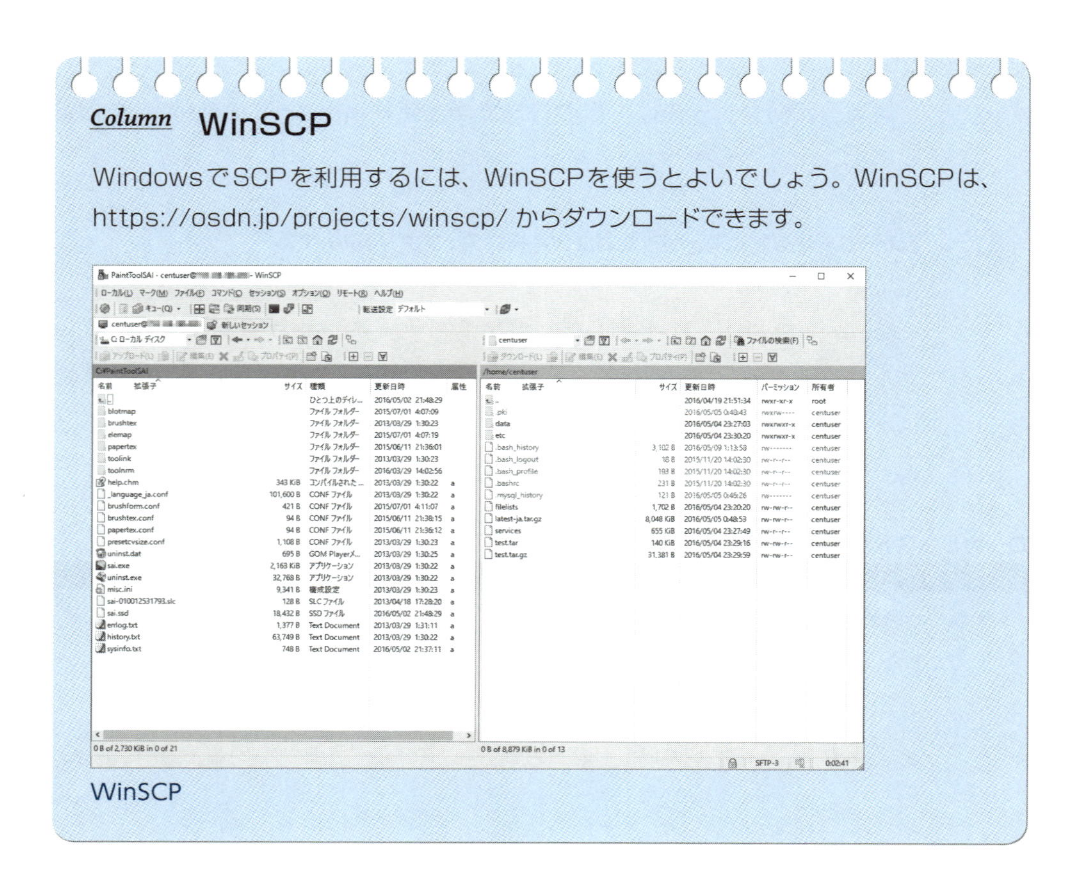

Column WinSCP

WindowsでSCPを利用するには、WinSCPを使うとよいでしょう。WinSCPは、https://osdn.jp/projects/winscp/ からダウンロードできます。

WinSCP

9

Dockerを使ってみよう

この章では、急速に人気が高まっているコンテナ管理の仕組み、Dockerの基礎を解説します。この章の手順を一通りやってみることで、Dockerの基本概要をつかむことができるでしょう。

01 Dockerとは

01-01 仮想化とDocker

これまでの章で、Apacheをインストールし、MariaDBとPHPをインストールし、それらを適切に設定し、WordPressでサイトを構築しました。ソフトウェアをインストールし、設定ファイルを開いて編集する、という作業を間違いなくこなすのは面倒なものです。最初から必要なソフトウェアや設定がそろっている環境があればいいのに、という希望の実現に役立つのがDockerです。

Dockerは一種の仮想化です。アプリケーションの動作に必要な環境がパッケージングされたコンテナを、Linux上で独立して動かすことができます。素早く環境をセットアップしたい、同じような環境をあちこちで利用したい、といった用途に最適なのがDockerです。

本書で扱っているVPSも仮想化技術です。VPSとDockerは競合するものではありませんし、VPSの上でも物理的なLinuxサーバーの上でも（もちろんVirtualBox等を使った仮想マシンの上でも）Dockerは動きます。Dockerは、仮想マシンを動かす技術ではなく、独立した環境でアプリケーションを動かす技術、と考えればよいでしょう。

LinuxにはKVM（Kernel-based Virtual Machine）という仮想化技術が組み込まれています*1。本書で扱っているVPSもKVMの仮想化基盤の上に構築されています。KVMなどの仮想化技術では、ハイパーバイザーと呼ばれる仮想化管理機構の上で仮想マシンが稼働し、その中でゲストOS

*1 KVMと並んでXen（ゼン）という仮想化技術もあります。

が稼働します。ゲストOSにとっては、仮想マシンが物理的なサーバー・ハードウェアのように見えるわけです。それぞれのゲストOSは独立しています。

Dockerでは、プロセスの実行環境を閉じ込めてコンテナを作り、コンテナ内からは外部が見えないようにします。ホストOSから見れば、どのコンテナ内のプロセスも見えますが、コンテナ内からは当該コンテナ内のプロセスしか見えないわけです（**図1**）。

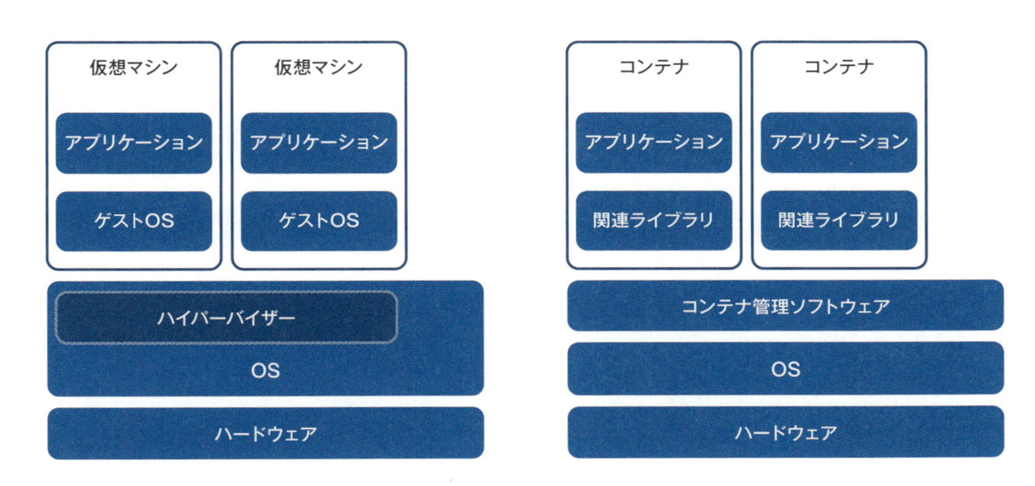

図1：ハイパーバイザー型仮想化とコンテナ型仮想化

注意　コンテナ技術そのものは新しいものではなく、LinuxではOpenVZやLXC（Linuxコンテナ）が利用できました。

01-02 Dockerのインストール

それでは、さっそくDockerをインストールしましょう。yumコマンドを使ってdockerパッケージをインストールします。

Dockerをインストール

```
$ sudo yum -y install docker
```

次に、Dockerサービスを起動し、自動起動も有効にしておきましょう。

Dockerサービスの起動と自動起動の有効化

```
$ sudo systemctl start docker
$ sudo systemctl enable docker
```

これでDockerを使う準備ができました。

Column 広がるDocker

DockerはCentOSをはじめ、主要なディストリビューションで簡単に利用できるようになっていますが、Linuxだけにとどまりません。Amazon Web Services、Google Cloud Platform、Microsoft Azureといったクラウドサービスでも Dockerがサポートされています。また、Windows Server 2016でもDockerが採用されました。プラットフォームにかかわらず広く利用できるのもDockerの魅力の1つです。

02 Dockerを使ってみよう

02-01 Dockerイメージの取得

Dockerの魅力の1つは、さまざまな環境をすぐさまセットアップできる点です。コンテナの元となるデータをDockerイメージといいます。具体的には、コンテナが動作するためのファイル群です。Dockerイメージは、自分で作成することもできますし、Docker HUB（https://hub.docker.com/）から取得することもできます（**図2**）。Dockerイメージを管理するサイトをDockerレジストリと呼んでいます。Docker HUBは公式のDockerレジストリですが、自分でレジストリを作ることもできます。

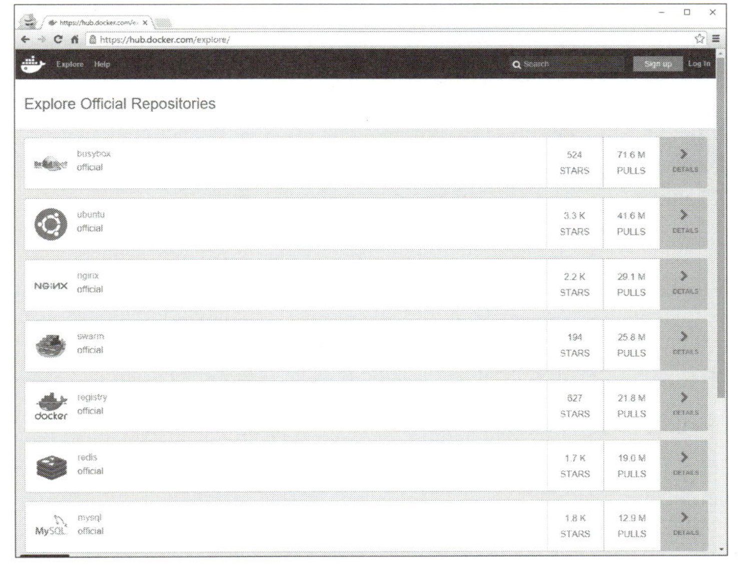

図2：https://hub.docker.com/explore/

基本的な使い方は次のとおりです（**図3**）。

①Dockerイメージを取得する
②Dockerイメージからコンテナを生成する

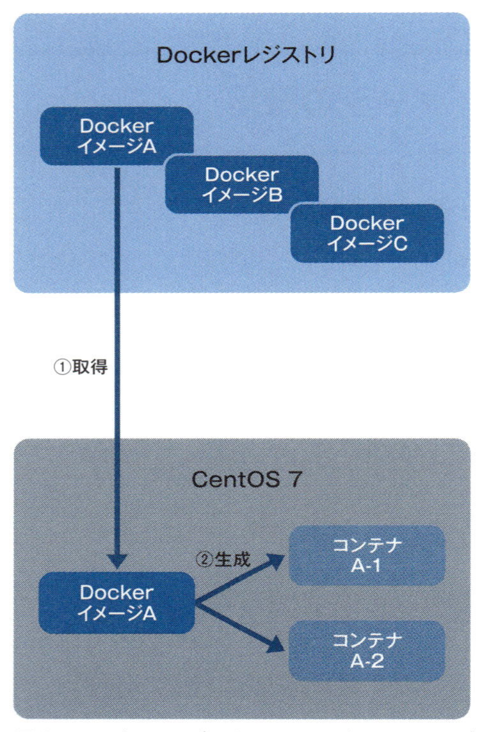

図3：DockerレジストリとDockerイメージ、コンテナ

1つのDockerイメージからは複数のコンテナを生成することができます。また、コンテナでどんな動作をさせようと、Dockerイメージは変更されません*2。変更を加えたコンテナから、新たなDockerイメージを作成し、Dockerレジストリに登録したりすることもできます。

*2　オブジェクト指向でたとえると、Dockerイメージはクラス、コンテナはインスタンスと考えればよいでしょうか。

Dockerイメージを取得するには以下のコマンドを使います。ここでは、試しにCentOS 6のDockerイメージを取得してみましょう（ホストと同じCentOS 7ではややこしいので）。

書式 **docker pull イメージ名[:タグ名]**

CentOS 6のDockerイメージを取得

```
$ sudo docker pull centos:6
Trying to pull repository docker.io/library/centos ... 6: Pulling from librar
y/centos
47d44cb6f252: Pull complete
d21ad0c6376f: Downloading 49.45 MB/90.1 MB
b394dc4da1e4: Download complete
e8b53d24b254: Download complete
library/centos:6: The image you are pulling has been verified. Important: ima
ge verification is a tech preview feature and should not be relied on to prov
ide security.
Digest: sha256:334a894b6b3950b7486ee8c05d2ce11ff9ef636f6d02144264f3e2cd508fd3
96
Status: Downloaded newer image for docker.io/centos:6
```

ダウンロードしたDockerイメージは、docker imagesコマンドで確認できます。

ダウンロードしたDockerイメージの確認

```
$ sudo docker images
REPOSITORY          TAG         IMAGE ID          CREATED        VIRTUAL SIZE
docker.io/centos    6           e8b53d24b254      6 days ago     228.9 MB
```

02-02 コンテナの起動

CentOS 6のDockerイメージからコンテナを起動してみましょう。起動後、catコマンドを使って/etc/redhat-releaseファイルを開いてみます＊3。このファイルにはOSのバージョンが記されています。

書式 **docker run イメージ名[:タグ名] コマンド**

コンテナの起動とcatコマンドの実行

```
$ sudo docker run centos:6 cat /etc/redhat-release
CentOS release 6.7 (Final)
```

「CentOS release 6.7」と表示されるので、たしかにコンテナ内はCentOS 6の環境なのだと分かります。ところでこの方法では、指定されたコマンドの実行後、コンテナはすぐに終了してしまいます。動作中のコンテナを表示するdocker psコマンドを実行してみます。

動作中のコンテナを表示

```
$ sudo docker ps
CONTAINER ID    IMAGE    COMMAND    CREATED    STATUS    PORTS    NAMES
```

何も表示されません。つまり先ほどdocker runコマンドで実行したコンテナは終了してしまっています。終了したコンテナも含めてコンテナを表示するには、docker psコマンドに-aオプションを付けます。STATUS欄の「Exited」は正常終了を意味します。

＊3 dockerコマンド実行時に「Usage of loopback devices...」というメッセージが表示されることがあります。気になる場合は、/etc/sysconfig/docker-storageファイルの最終行を「DOCKER_STORAGE_OPTIONS="--storage-opt dm.no_warn_on_loop_devices=true"」に変更し、dockerサービスを再起動してください。

動作終了も含めたコンテナを表示

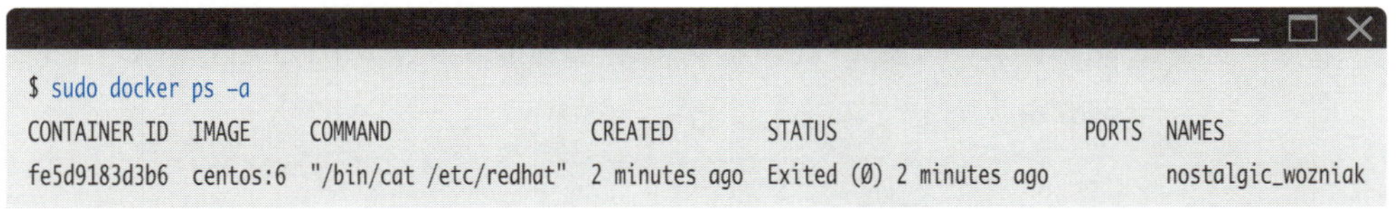

```
$ sudo docker ps -a
CONTAINER ID  IMAGE     COMMAND                  CREATED        STATUS                     PORTS  NAMES
fe5d9183d3b6  centos:6  "/bin/cat /etc/redhat"   2 minutes ago  Exited (0) 2 minutes ago          nostalgic_wozniak
```

このコンテナはもう使わない、という時は、docker rmコマンドでコンテナを削除できます。

書式　**docker rm コンテナID**

コンテナID（CONTAINER ID）は、一部分だけ指定してもかまいません。先のコンテナはコンテナIDが「fe5d9183d3b6」でした。次の例では最初の4文字のみを指定して削除しています。

コンテナを削除

```
$ sudo docker rm fe5d
```

02-03 コンテナ内での作業

今度は、新しくコンテナを起動し、その中に入ってコマンド操作をしてみることにしましょう。コンテナ名は何でもかまいません。

書式　**docker run -it --name コンテナ名 イメージ名[:タグ名] シェル**

centosAという名前でコンテナを起動

```
$ sudo docker run -it --name centosA centos:6 /bin/bash
[root@ac9afc86732b /]#
```

プロンプトが代わって「root@コンテナID」となりました。このプロンプトはコンテナ内で動いているシェル（/bin/bash）が出力しています。何かコマンドを入力してみましょう。

コンテナ内のシェルでコマンドを実行

```
[root@ac9afc86732b /]# ls
bin  etc   lib    lost+found  mnt  proc  run   selinux  sys  usr
dev  home  lib64  media       opt  root  sbin  srv      tmp  var
[root@ac9afc86732b /]# pwd
/
[root@ac9afc86732b /]# cat /etc/redhat-release
CentOS release 6.7 (Final)
```

どうやら/ディレクトリ直下にいるようです。この/ディレクトリは、もちろん、コンテナ内の/ディレクトリです。

ネットワークインターフェースの情報も見てみましょう。VPSのIPアドレスとは違っていますね。

ネットワークインターフェースの情報を表示

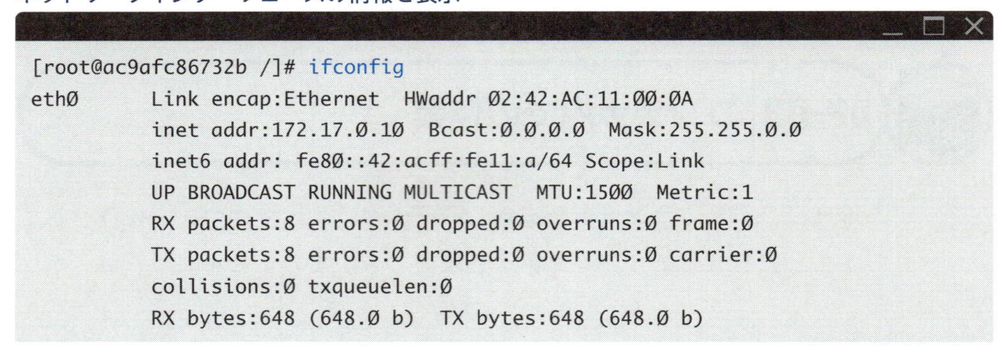

```
[root@ac9afc86732b /]# ifconfig
eth0      Link encap:Ethernet  HWaddr 02:42:AC:11:00:0A
          inet addr:172.17.0.10  Bcast:0.0.0.0  Mask:255.255.0.0
          inet6 addr: fe80::42:acff:fe11:a/64 Scope:Link
          UP BROADCAST RUNNING MULTICAST  MTU:1500  Metric:1
          RX packets:8 errors:0 dropped:0 overruns:0 frame:0
          TX packets:8 errors:0 dropped:0 overruns:0 carrier:0
          collisions:0 txqueuelen:0
          RX bytes:648 (648.0 b)  TX bytes:648 (648.0 b)
```

注意してほしいのは、ホストOSから独立してコンテナ内でCentOS 6が稼働している「わけではない」ことです。あくまでコンテナ内では、CentOS 6環境のように見えているだけです。コンテナ内でカーネル情報を見ると、CentOS 6のカーネル（バージョン2.6.32）ではなく、CentOS 7のカーネル情報が見えます。

カーネルバージョンを表示

```
# uname -r
3.10.0-327.4.5.el7.x86_64
```

そろそろホストOS側に戻りましょう。コンテナから一時的に抜けるには、Ctrl + P、Ctrl + Q（Ctrlキーを押しながらPQ）を押します。

コンテナから抜ける

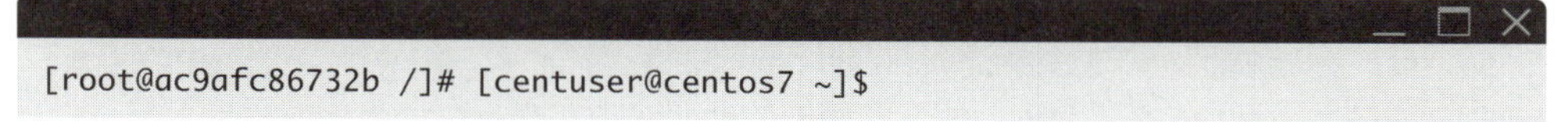

```
[root@ac9afc86732b /]# [centuser@centos7 ~]$
```

この状態では、コンテナはバックグラウンドで起動中です。もう一度コンテナに接続するには、docker attachコマンドを使います。

書式　**docker attach コンテナ名またはコンテナID**

centosAコンテナに再接続

```
$ sudo docker attach centosA
```

コンテナから抜けてコンテナを終了するには、コンテナ内でexitコマンドを実行します。

コンテナを抜けて終了

```
[root@ac9afc86732b /]# exit
exit
```

02-04 コンテナの再開、停止

動作が終了しているコンテナは、docker psコマンドで見たときにSTATUS欄が「Exited」となっています。

動作が終了しているコンテナ

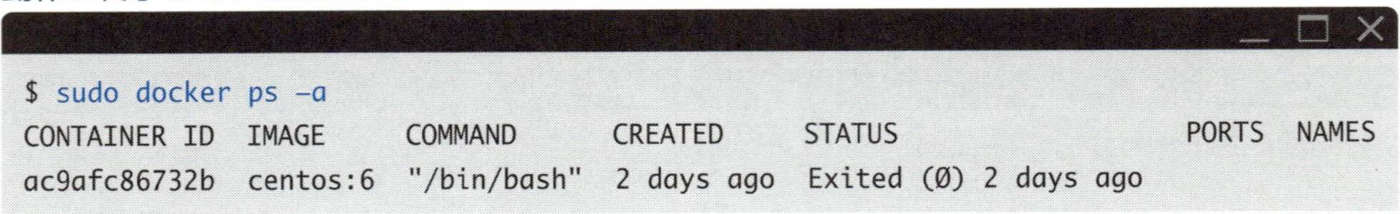

```
$ sudo docker ps -a
CONTAINER ID  IMAGE     COMMAND      CREATED     STATUS                  PORTS  NAMES
ac9afc86732b  centos:6  "/bin/bash"  2 days ago  Exited (0) 2 days ago
```

この状態のコンテナを再開するには、docker startコマンドを使います。

書式　**docker start コンテナ名またはコンテナID**

コンテナを再開

```
$ sudo docker start ac9a
ac9a
```

docker psコマンドを実行してみると、コンテナのSTATUS欄は「UP」になっています。

動作中のコンテナ

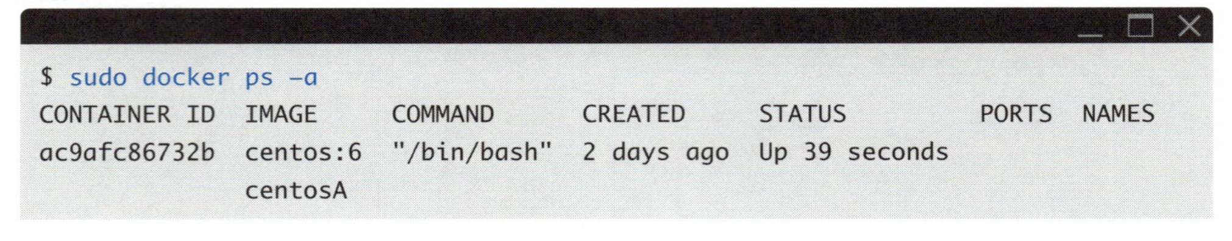

```
$ sudo docker ps -a
CONTAINER ID  IMAGE     COMMAND      CREATED     STATUS         PORTS  NAMES
ac9afc86732b  centos:6  "/bin/bash"  2 days ago  Up 39 seconds
              centosA
```

動作中のコンテナを終了させるには、docker stopコマンドを実行します。

書式　**docker stop コンテナ名またはコンテナID**

コンテナを終了

```
$ sudo docker stop ac9a
ac9a
```

コンテナのSTATUS欄を確認すると「Exited」となりました。

コンテナが終了

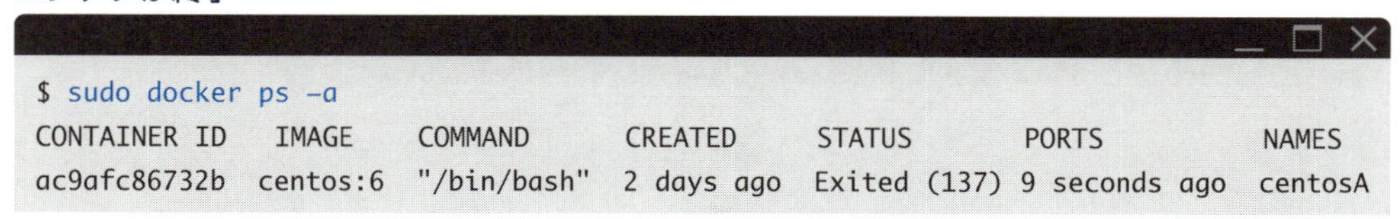

```
$ sudo docker ps -a
CONTAINER ID   IMAGE     COMMAND       CREATED      STATUS        PORTS          NAMES
ac9afc86732b  centos:6  "/bin/bash"  2 days ago  Exited (137) 9 seconds ago  centosA
```

02-05 Dockerイメージの作成と削除

コンテナから新しくDockerイメージを作成することもできます。先ほどのコンテナを再開して接続し直します。

コンテナを再開して接続

```
$ sudo docker start ac9a
ac9a
$ sudo docker attach ac9a
```

オリジナルのコンテナであることが分かるように少し変更を加えます。/root/docker.txtというファイルを作成してみます。

/root/docker.txtファイルを作成

```
[root@ac9afc86732b /]# echo "My Docker Image" >> /root/docker.txt
[root@ac9afc86732b /]# exit
exit
```

コンテナからDockerイメージを作成するには、docker commitコマンドを使います。ここではイメージ名を「centuser/centos」としました。

書式 **docker commit コンテナID イメージ名[:タグ名]**

Dockerイメージを作成

```
$ sudo docker commit ac9a centuser/centos:6
d4458b937dc0a881d2914730dd62acb02d1c0729e568cdcc312b964675e29027
```

Dockerイメージの一覧を確認してみます。「centuser/centos」となっているのが新しいDockerイメージです。

Dockerイメージの一覧

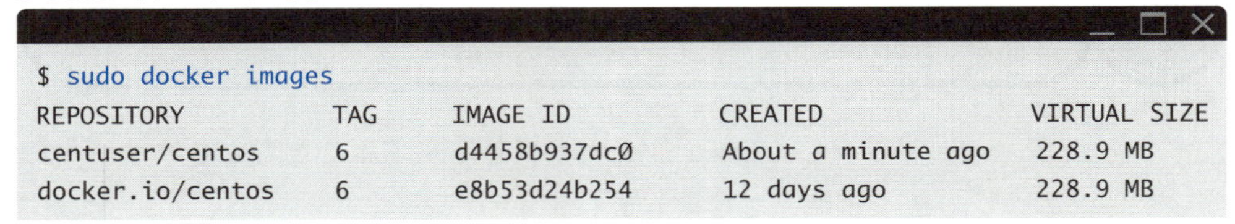

```
$ sudo docker images
REPOSITORY          TAG      IMAGE ID          CREATED              VIRTUAL SIZE
centuser/centos     6        d4458b937dc0      About a minute ago   228.9 MB
docker.io/centos    6        e8b53d24b254      12 days ago          228.9 MB
```

このDockerイメージからコンテナを起動して、作成したファイルを確認してみましょう。

新しいDockerイメージを確認

```
$ sudo docker run centuser/centos:6 cat /root/docker.txt
My Docker Image
```

たしかに先ほど作成したファイルが存在しています。このように、オリジナルのDockerイメージを取得し、そこにソフトウェアをインストールしたり設定を変更したりしたものを、新しくDockerイメージとして保存することができるわけです。

参考　本書では取り上げませんが、作成したDockerイメージをDockerレジストリに登録しておけば、プロジェクト参加者の全員が同じ環境をすぐさまセットアップする、といったことが可能になるわけです。

不要になったDockerイメージは、docker rmiコマンドで削除できます。ただし、コンテナを残したままDockerイメージを削除するとコンテナが使えなくなります[*4]ので、先にコンテナを削除しておいてください。

書式　**docker rmi イメージ名またはイメージID**

イメージを削除

```
$ sudo docker rmi d4458b937dc0
Untagged: centuser/centos:6
Deleted: d4458b937dc0a881d291473 0dd62acb02d1c0729e568cdcc312b964675e29027
```

02-06 Dockerfileの利用

Dockerfileを使うと、既存のDockerイメージに操作を加えて、新しいDockerイメージを作ることができます[*5]。つまり、いちいちコンテナを起動して作業する必要はないわけです。ここでは、既存のCentOS 6のDockerイメージにApacheを追加するだけのDockerfileを作ってみましょう。まず、エディタを開いて、Dockerfileを記述します。

Dockerfileを作成

```
$ nano Dockerfile
```

＊4　警告が表示されて削除できません。fオプションで強制的に削除することもできます。
＊5　プログラムをコンパイルする際のMakefileと同様の役割です。

リスト1：Dockerfileの例

```
FROM centos:6 ●——— centos:6を元のイメージとする
MAINTAINER testimage <centuser@example.com> ●——— 制作者名

RUN yum -y install httpd ●——— httpdパッケージをインストールする

EXPOSE 80 ●——— 80番ポートを開ける

CMD /etc/init.d/httpd start && bash●——— httpdとbashを開始する*5
```

docker buildコマンドでDockerイメージを作成します。イメージ名は「centuser/centos」、タグ名は「httpd」としました。

書式 **docker build -t イメージ名[:タグ名] Dockerfileのあるディレクトリ**

Dockerfileを使ってDockerイメージを作成

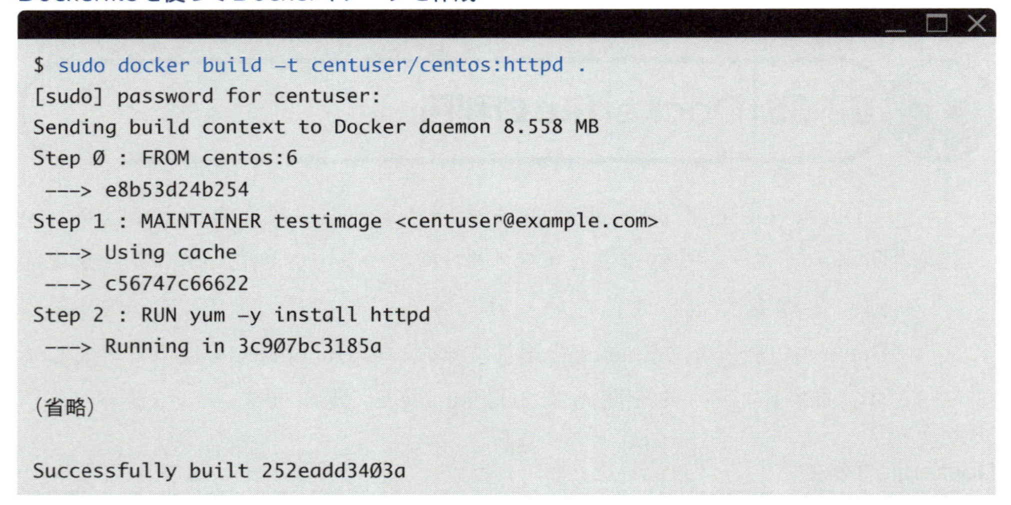
$ sudo docker build -t centuser/centos:httpd .
[sudo] password for centuser:
Sending build context to Docker daemon 8.558 MB
Step 0 : FROM centos:6
 ---> e8b53d24b254
Step 1 : MAINTAINER testimage <centuser@example.com>
 ---> Using cache
 ---> c56747c66622
Step 2 : RUN yum -y install httpd
 ---> Running in 3c907bc3185a
(省略)
Successfully built 252eadd3403a

httpdパッケージおよび関連パッケージをインストールするので、少し

＊6 「/etc/init.d/httpd start」はCentOS 6のサービス起動コマンドです。それだけではコンテナがすぐに終了してしまうので、bashシェルも起動しています。

時間がかかります。完了したら、docker imagesコマンドでDockerイメージの一覧を表示してみます。

Dockerイメージの一覧

```
$ sudo docker images
REPOSITORY          TAG       IMAGE ID       CREATED              VIRTUAL SIZE
centuser/centos     httpd     252eadd3403a   About a minute ago   335.4 MB
docker.io/centos    6         e8b53d24b254   12 days ago          228.9 MB
```

新しいDockerイメージが作られているのが分かります。httpdなどのパッケージもインストールしたので、サイズもP.218のときより100Mバイト以上増えていますね。では、そのDockerイメージからコンテナを起動しましょう。

注意　コンテナ内でApacheが起動しますので、ホストOS側でApacheが起動していないか確認しておいてください。

新しいコンテナを起動

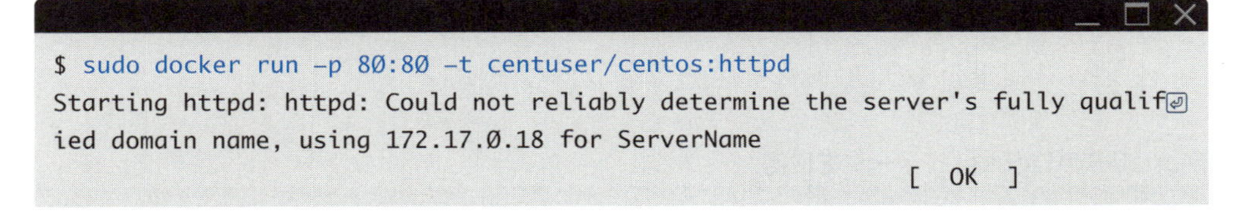

```
$ sudo docker run -p 80:80 -t centuser/centos:httpd
Starting httpd: httpd: Could not reliably determine the server's fully qualif⏎
ied domain name, using 172.17.0.18 for ServerName
                                                           [  OK  ]
```

「-p 80:80」は、ホストOSの80番ポート経由でコンテナの80番ポートにアクセスできるようにするオプションです。「Starting httpd」とあってApacheが起動しているのが分かります*7。

*7　この部分はコンテナ内のApacheが出力しているメッセージです。ServerNameディレクティブを設定していないためにエラーメッセージが表示されています。

02-07 DockerでWordPress

今度は、Dockerを使ってWordPressサイトを作ってみましょう。公式サイトではWordPressがセッティングされたDockerイメージが公開されているので、それを利用することにします。また、MariaDBがセッティングされたDockerイメージもあります。これらを連携させて動作させます。

まずは、ホストOS側のApacheとMariaDBが動いていれば、停止しておきましょう。

ApacheとMariaDBを停止

```
$ sudo systemctl stop httpd.service
$ sudo systemctl stop mariadb.service
```

WordPressのDockerイメージを取得します*8。

WordPressのDockerイメージを取得

```
$ sudo docker pull wordpress
```

MariaDBのDockerイメージを取得します。

MariaDBのDockerイメージを取得

```
$ sudo docker pull mariadb
```

MariaDBのDockerイメージからコンテナを起動します。その際、MariaDBの管理者パスワードを設定しなければなりません。ここではパスワードを「p@sSw0rd」としています。

*8　タグを省略した場合は、最新版「latest」を指定したものとみなされます。

MariaDB用コンテナを起動

```
$ sudo docker run --name mariadb -e MYSQL_ROOT_PASSWORD=p@sSwØrd -d mariadb
```

続いて、WordPress用コンテナを起動します。次のコマンドを実行してください。

WordPress用コンテナを起動

```
$ sudo docker run --name wordpress --link mariadb:mysql -p 8Ø:8Ø wordpress
```

これで完了です。Webブラウザで「http://VPSのIPアドレス/wordpress/」にアクセスすると初期画面が表示されるはずです*9（**図4**）。

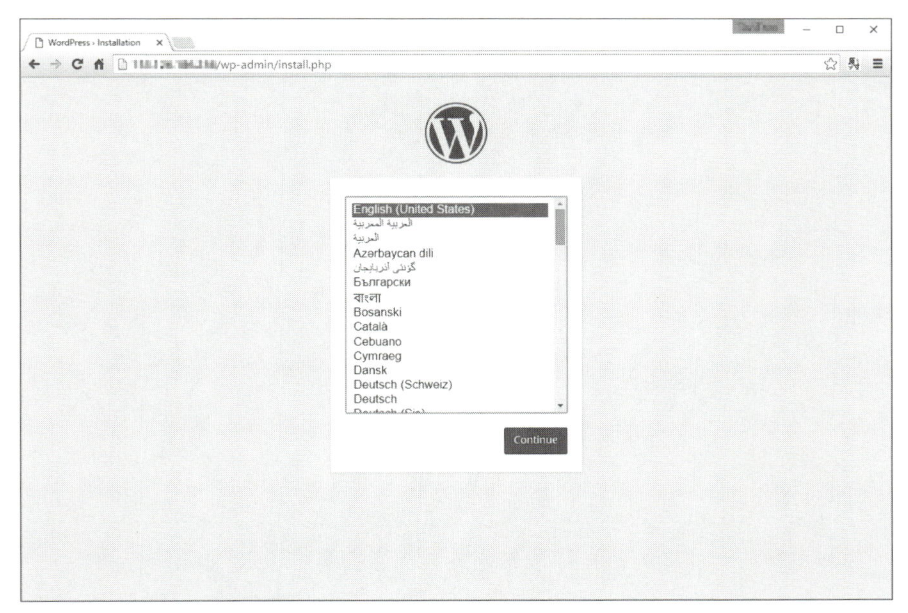

図4：WordPress初期画面

*9　このアドレス（「〜/wordpress/〜」や「〜/wp-admin/〜」）はボットによる攻撃を受けやすいので、学習を終えたら削除しておくことをおすすめします。

Dockerを使うといかに素早く環境を立ち上げることができるか、実感できたのではないでしょうか。

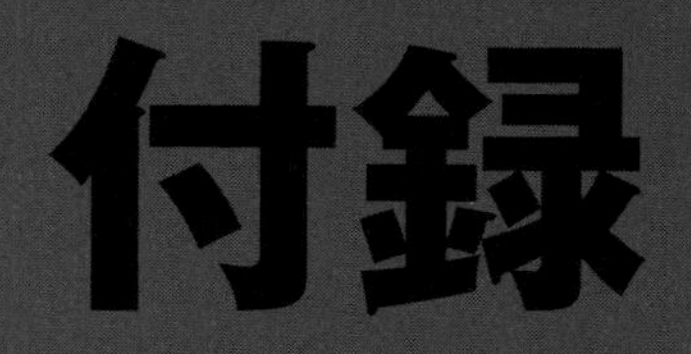

付録

01 VirtualBoxの利用

01-01 VirtualBoxのインストール

Oracle VM VirtualBoxはOracle社が提供する、オープンソースの仮想化ソフトウェアです（**図1**）。WindowsやMacにVirtualBoxを導入すると、VirtualBox上でCentOS 7を動作させることができます。

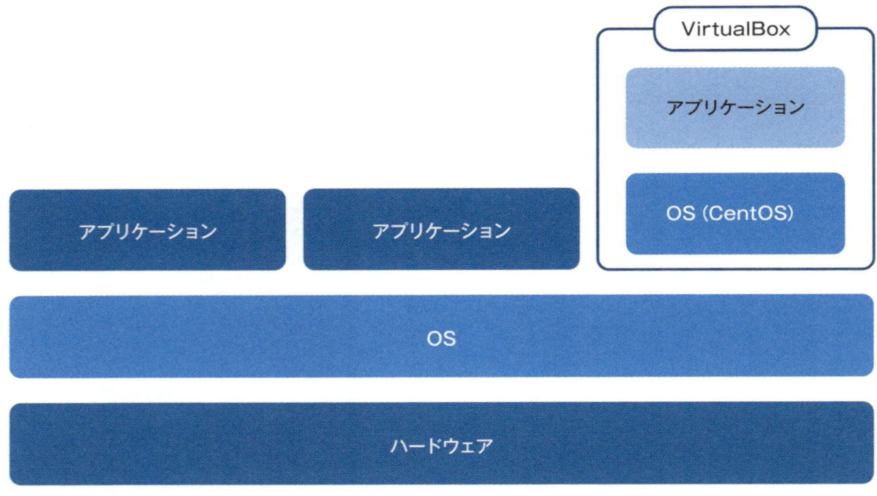

図1：VirtualBox

なお、CentOS 7は64bit環境しかありませんので、ホストOS（WindowsやOS X）が64bitである必要があります。32bit環境ではCentOS 7をインストールできません。また、PCによっては仮想化機能も使えない場合があり、その場合もCentOS 7は扱えません。

まず、VirtualBoxのWebサイトから、利用しているOSにあわせてVirtualBoxをダウンロードし、インストールします。Windowsであれば「VirtualBox 5.0.16 for Windows hosts x86/amd64」、OS Xであれば「VirtualBox 5.0.16 for OS X hosts amd64」です。本書執筆時点の最新版は5.0.16ですが、インストールするときは最新版をダウンロードしてください。

▼Download VirtualBox

URL https://www.virtualbox.org/wiki/Downloads

01-02 CentOS 7の導入

ゼロからVirtualBoxにCentOS 7をインストールしてもよいのですが、それではVPSの環境とはかなり違ったものになってしまいます。そこで、本書の学習用にCentOS 7の仮想マシンイメージを用意しました。VPSの環境と同じではありませんが、それに近い構成にしてあります。ファイルはZIPで圧縮されていますので、ダウンロード後に解凍してください。

▼Download CentOS7svr.zip

URL http://www.network-seminar.net/centos7/

VirtualBoxを起動し、左上の「新規」アイコンをクリックして新しい仮想マシンを作成します（**図2**）。

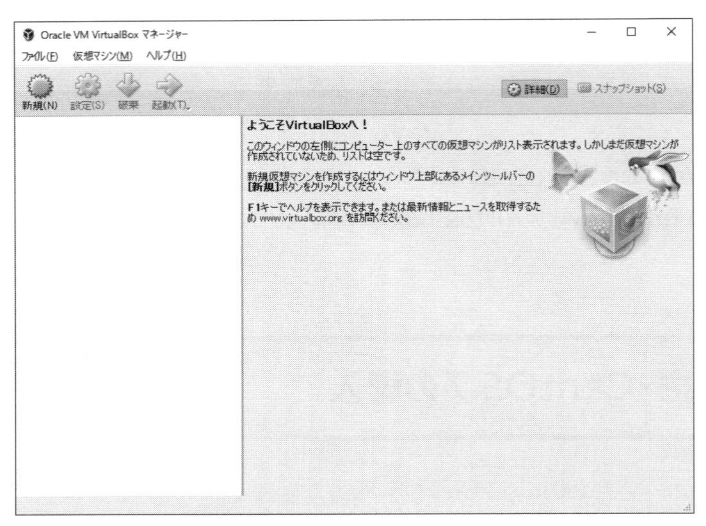

図2：VirtualBoxの起動画面

「名前とオペレーティングシステム」を設定します。名前（仮想マシン名）には「CentOS7svr」と入力します。すると、自動的にタイプが「Linux」に、バージョンが「Red Hat（64-bit）」になるはずです（**図3**）。

仮想マシンの作成
名前とオペレーティングシステム
新しい仮想マシンの記述名を指定し、インストールするオペレーティングシステムのタイプを選択してください。入力した名前はVirtualBoxでこのマシンを特定するのに使われます。
名前(N): CentOS7svr
タイプ(T): Linux
バージョン(V): Red Hat (64-bit)
エキスパートモード(E) 次へ(N) キャンセル

図3：名前とオペレーティングシステム

次にメモリーサイズの設定になりますので、スライダーを動かすか数値を入力して「1024」MBに設定します（**図4**）。

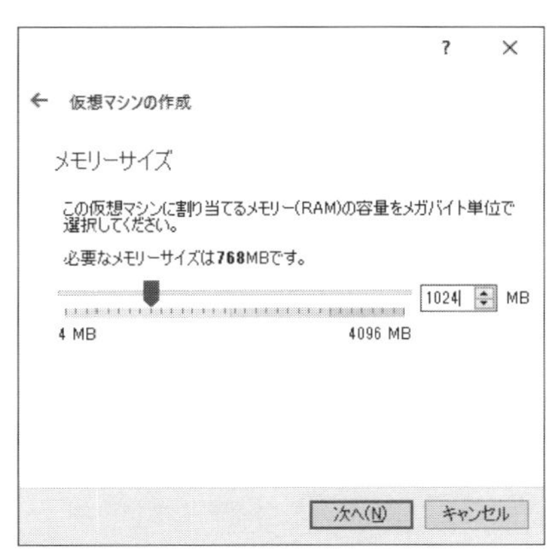

図4：メモリーサイズ

次に仮想ハードディスクの画面になります。ここでは「すでにある仮想ハードディスクファイルを使用する」をクリックし、先ほど解凍した仮想マシン内にある「CentOS7svr.vdi」ファイルを選択し、作成ボタンをクリックします（**図5**）。

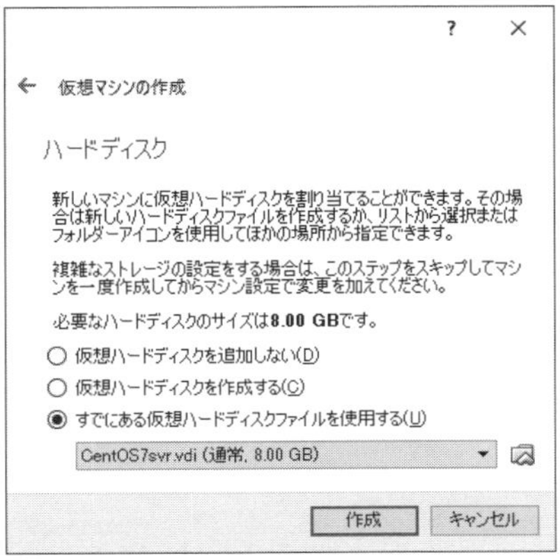

図5：ハードディスク

VirtualBoxのトップ画面に戻りますので、今度は「設定」ボタンをクリックします。

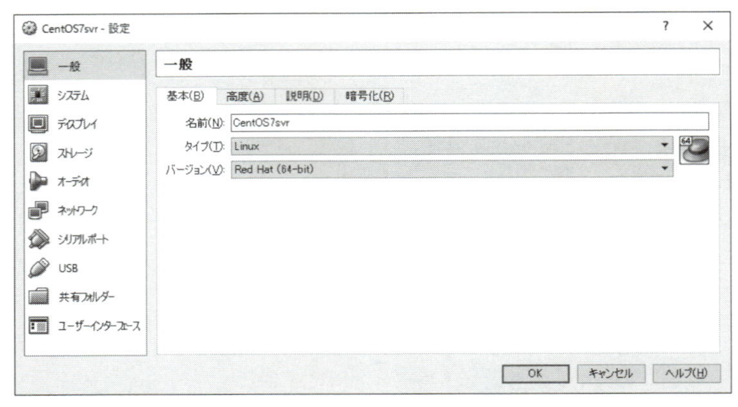

図6：設定画面

設定画面が開きますので（**図6**）、左のペインから「ネットワーク」を選択し、割り当てを「ブリッジアダプター」に変更します（**図7**）。

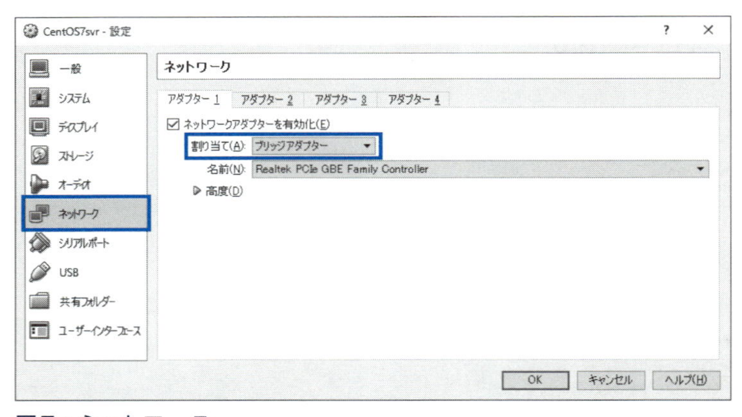

図7：ネットワーク

これで準備は終わりました。起動ボタンを押すと、仮想マシンが起動します。rootユーザーの初期パスワードは「centos7」、一般ユーザー「centuser」も初期パスワードは「centos7」です。

02 Linuxのファイルシステム

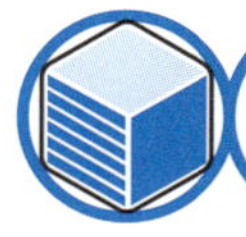

02-01 ファイルシステムとは

ひとまとまりのデータに名前を付けて「ファイル」として保存したり、ファイルをディレクトリにまとめたり、ファイルにアクセス権を設定して保護したり、といった仕組みを提供するOSの機能がファイルシステムです。Linuxでは、さまざまなファイルシステムを扱うことができます（**表1**）。CentOS 7は、デフォルトではXFSというファイルシステムを採用しています。CentOS 6では、ext4ファイルシステムを採用していました。

表1：主なファイルシステム

ファイルシステム	説明
ext4	Linuxの標準的なファイルシステム
XFS	堅牢で高いパフォーマンスのファイルシステム
Btrfs	高度な機能を備えた次世代ファイルシステム
ISO 9660	CD-ROMのファイルシステム
UDF	DVD-ROMのファイルシステム
VFAT	SDカードやフラッシュメモリで使われるファイルシステム
NTFS	Windowsのファイルシステム

Linuxのディレクトリは「/」ディレクトリを頂点とするツリー状の階層構造になっています。ディレクトリツリーは、いくつかのファイルシステムから構成されているのが一般的です。/ディレクトリを含むファイルシステムをルートファイルシステムといいます。

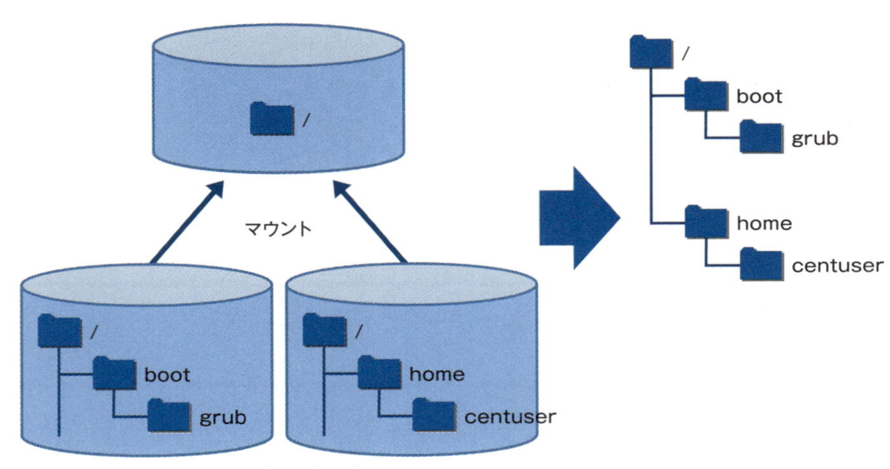

図8：ファイルシステムとマウント

/ファイルシステムの直下には、/bootや/homeといったディレクトリが配置されます。これらのディレクトリは、別々のパーティションを用意し、各パーティションに/bootや/homeを割り当てています。これは、耐障害性や保守性を高めるためです。/bootや/homeは/ディレクトリ以下に結合され、1つの統合されたファイルシステムとして運用されます。ファイルシステムを結合することをマウントといいます（**図8**）。

注意　Windowsにはドライブという概念がありますが、Linuxはすべてのパーティションや外付けメディアを/ディレクトリ以下のディレクトリツリーにマウントして利用します。そのためドライブという概念はありません。

02-02 LVM

Linuxでは、仮想的なパーティションを用意し、その上にファイルシステムを作成して利用することができます。仮想的なパーティションはLVM（論理ボリュームマネージャー）という機能によって提供されます。

LVMでは、物理的なパーティションを「物理ボリューム」とし、その物理ボリュームを束ねて仮想的なディスク「ボリュームグループ」を作成します。ボリュームグループを切り出して仮想的なパーティション「論理ボリューム」を作成します（**図9**）。ボリュームグループや論理ボリュームは、システム運用中にサイズを変更できます。そのため、柔軟な運用が可能となるのです。

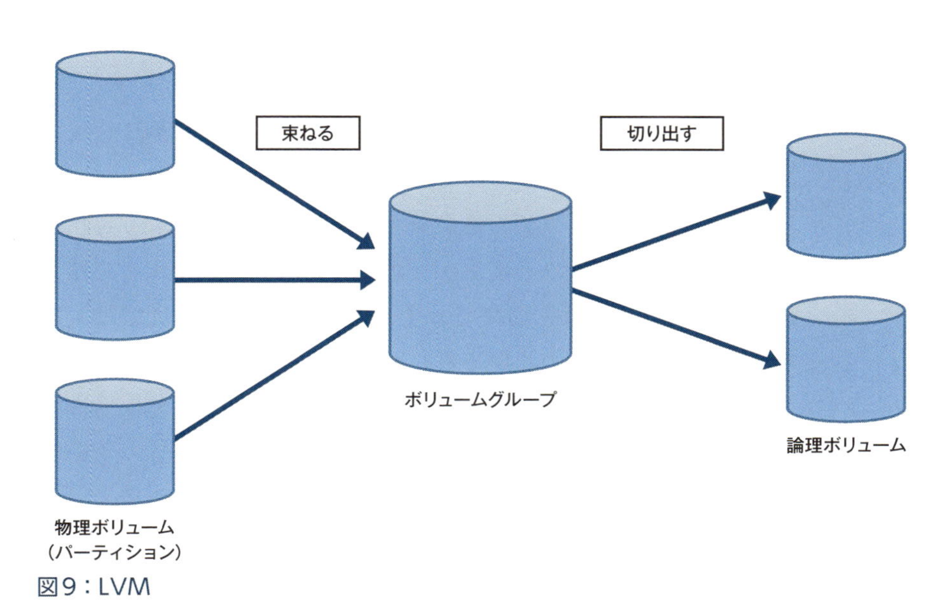

図9：LVM

VPSでは、/ファイルシステムと/homeが論理ボリュームを利用しています。dfコマンドで見ると、左の欄が「/dev/mapper/論理ボリューム名」となっています。

VPSでdfコマンドを実行

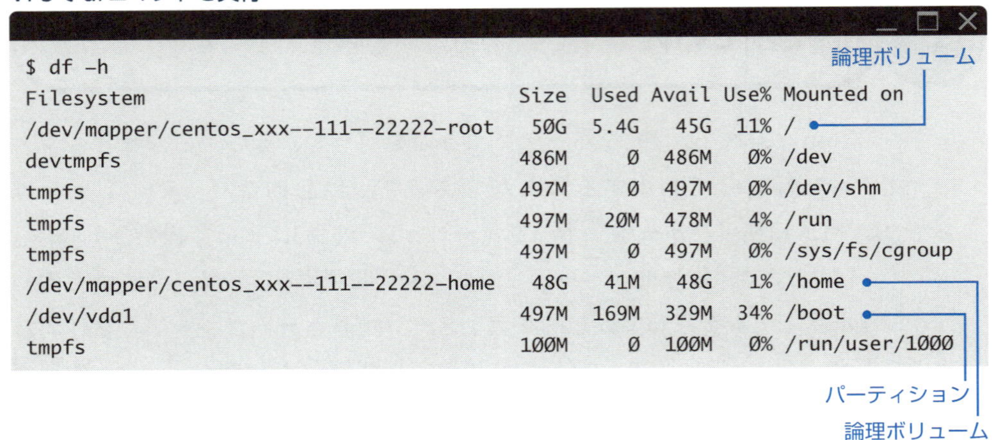

/bootは論理ボリュームを使わず、物理的なパーティションに直接ファイルシステムを作成しています（VPSなので仮想的なパーティションですが）。

LVMはファイルシステムのバックアップをするときにも威力を発揮します。通常、バックアップ時にはファイルの整合性をキープする必要があるため、ファイルシステムをアンマウントしたり読み取り専用にしたりしてファイルの書き込み・変更が行われないようにします。当然、その間は通常のサーバー運用を継続できません。しかし、LVMでは、ある時点でのファイルシステムの状態を写し取った「スナップショット」を作成することができ、そのスナップショットをバックアップしている間も通常と同じようにファイルの読み書きが可能です。スナップショットの作成は一瞬なので、サーバーが提供しているサービスを止めることなくバックアップができるのです。

03 Webブラウザを使ったサーバー管理

03-01 管理ツールWebmin

Webminを使うと、Linuxサーバーの管理や設定作業をWebブラウザ経由で行うことができます。コマンド操作に不慣れな場合には便利なツールですが、Webブラウザ経由で管理者権限の操作が可能になるため、導入

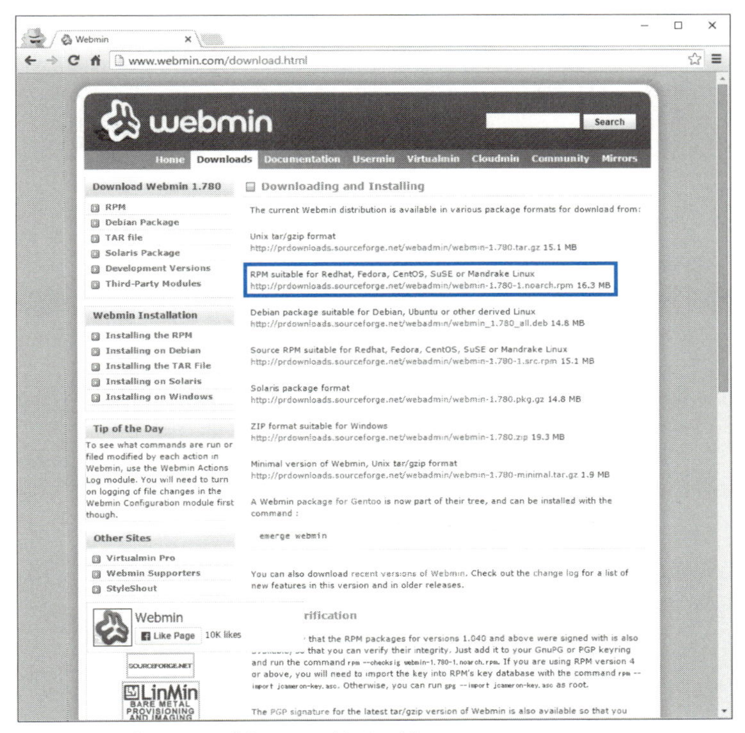

図10：Webminのダウンロードページ

と運用には十分な注意が必要です。

まず、Webminの実行に必要なパッケージをインストールします。

perl-Net-SSLeayパッケージのインストール

```
$ sudo yum -y install perl-Net-SSLeay
```

Webminのダウンロードページ（http://www.webmin.com/download.html）を見て、最新版のRPMパッケージのURLをコピーします。上から2つめです（**図10**）。

コピーしたURLを引数にして、次のyumコマンドを実行します。

Webminのインストール

```
$ sudo yum -y install http://prdownloads.sourceforge.net/webadmin/webmin-1.78⏎
0-1.noarch.rpm
```

現在使っているPCからのみWebminに接続できるように設定します。接続元のIPアドレスはssコマンドで確認できます。VPSでSSHに使っているポート番号が10022の場合、次のようになります。

接続元のIPアドレスを確認

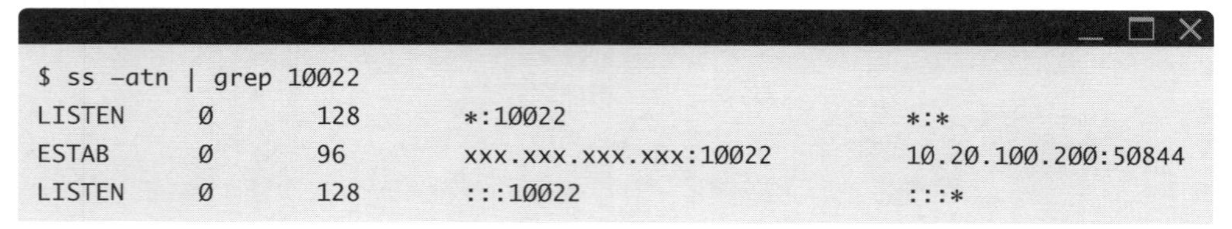

```
$ ss -atn | grep 10022
LISTEN      0       128       *:10022                     *:*
ESTAB       0       96        xxx.xxx.xxx.xxx:10022       10.20.100.200:50844
LISTEN      0       128       :::10022                    :::*
```

この例では「10.20.100.200」が接続元IPアドレスです。このIPアドレスを、Webminの設定ファイル/etc/webmin/miniserv.confの末尾に「allow=IPアドレス」の書式で書き込みます（**リスト1**）。

/etc/webmin/miniserv.confを編集

```
$ sudo nano /etc/webmin/miniserv.conf
```

リスト1：/etc/webmin/miniserv.conf（追加する部分のみ）

```
allow=10.20.100.200
```

Webminにアクセスできるよう、ファイヤウォールの設定ファイル/etc/firewalld/services/webmin.xmlを作成します（**リスト2**）。

/etc/firewalld/services/webmin.xmlファイルを作成

```
$ sudo nano /etc/firewalld/services/webmin.xml
```

リスト2：/etc/firewalld/services/webmin.xml

```
<?xml version="1.0" encoding="utf-8"?>
<service>
  <short>Webmin</short>
  <description>Webmin.</description>
  <port protocol="tcp" port="10000"/>
</service>
```

ファイヤウォールの設定を再読込します。

ファイヤウォールの設定を再読込

```
$ sudo firewall-cmd --reload
```

これでWebminにアクセスできるようになったはずです。ポート番号は10000です。Webブラウザで「https://VPSのIPアドレス:10000」にアクセスします。すると、**図11**の警告画面が出てきます。

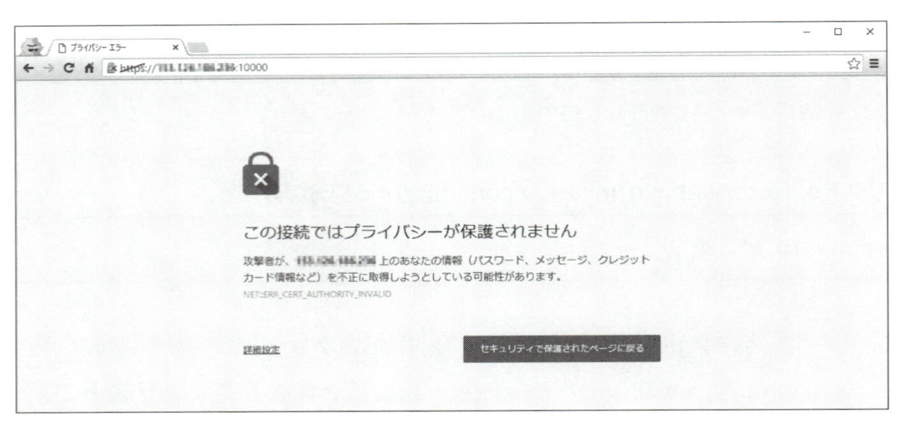

図11：VPSの10000番ポートにアクセス

これはVPSでSSL/TLSの証明書を導入していないため、サーバーの安全性を確認できないのが原因です。ここではVPSに接続していることが分かっているので、「詳細設定」をクリックし、いちばん下の「～にアクセスする（安全ではありません）」をクリックします（**図12**）。

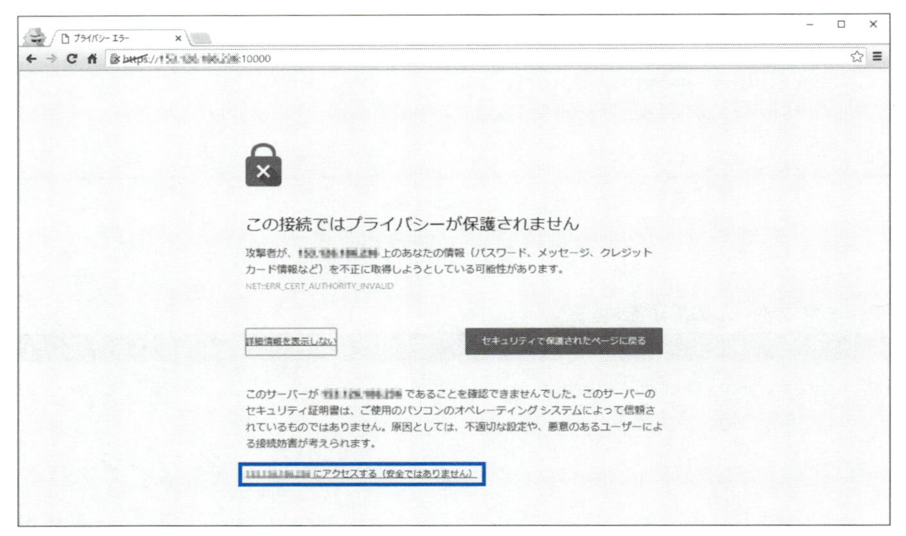

図12：プライバシーエラー

するとログイン画面が表示されるので、ユーザー名はroot、パスワードにrootユーザーのパスワードを入力してLoginボタンをクリックします（**図13**）。

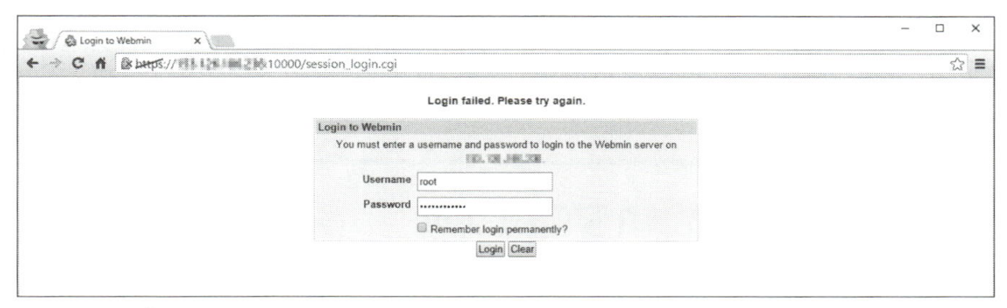

図13：ログイン画面

ログインできると次のような画面になります（**図14**）。

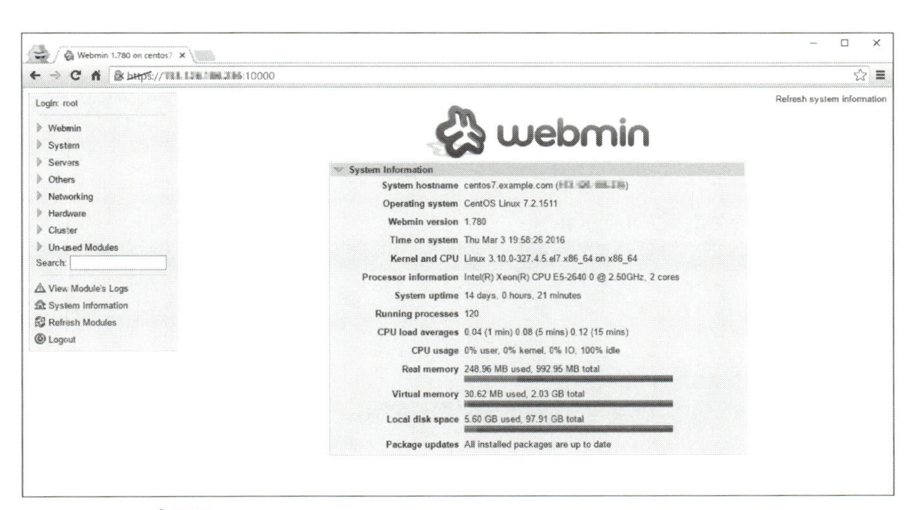

図14：トップ画面

左側のメニューをクリックし、どのようなことができるのか確認してみてください。

参考

Webminと同様にWebブラウザ経由でシステム管理ができるソフトウェアには、ほかにもAjentiやCockpitなどがあります。

04 マニュアルとエディタ

04-01 manマニュアル

Linuxには、端末上でコマンドの使い方やファイルの書式を調べることのできるmanコマンドが用意されています。

書式 **man [セクション] コマンドやキーワード**

manコマンドを実行すると、lessコマンドを使って1ページずつマニュアルページが表示されます。表示を終了するにはQキーを押します。

manコマンドのマニュアルを表示

```
$ man man
```

manコマンドのマニュアルページ

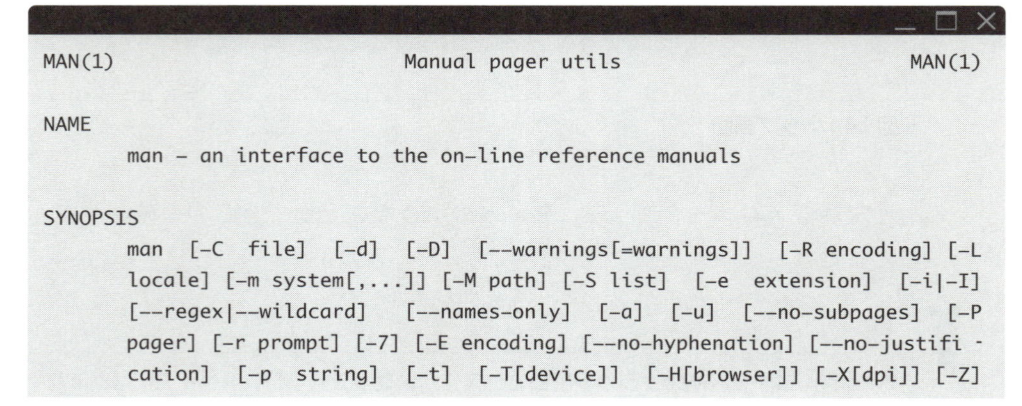

```
MAN(1)                     Manual pager utils                     MAN(1)

NAME
       man - an interface to the on-line reference manuals

SYNOPSIS
       man  [-C  file]  [-d]  [-D]  [--warnings[=warnings]]  [-R encoding] [-L
       locale] [-m system[,...]] [-M path] [-S list]  [-e  extension]  [-i|-I]
       [--regex|--wildcard]   [--names-only]  [-a]  [-u]  [--no-subpages]  [-P
       pager] [-r prompt] [-7] [-E encoding] [--no-hyphenation] [--no-justifi -
       cation]  [-p  string]  [-t]  [-T[device]]  [-H[browser]] [-X[dpi]] [-Z]
```

```
       [[section] page ...] ...
       man -k [apropos options] regexp ...
       man -K [-w|-W] [-S list] [-i|-I] [--regex] [section] term ...
       man -f [whatis options] page ...
       man -l [-C file] [-d] [-D] [--warnings[=warnings]]  [-R  encoding]  [-L
       locale]  [-P  pager]  [-r  prompt]  [-7] [-E encoding] [-p string] [-t]
       [-T[device]] [-H[browser]] [-X[dpi]] [-Z] file ...
       man -w|-W [-C file] [-d] [-D] page ...
       man -c [-C file] [-d] [-D] page ...
       man [-?V]

DESCRIPTION
       man is the system's manual pager. Each page argument given  to  man  is
       normally  the  name of a program, utility or function.  The manual page
       associated with each of these arguments is then found and displayed.  A
       section,  if  provided, will direct man to look only in that section of
       the manual.  The default action is to search in all  of  the  available
       sections, following a pre-defined order and to show only the first page
       found, even if page exists in several sections.

 Manual page man(1) line 1 (press h for help or q to quit)
```

表2：manコマンド（lessコマンド）の主な操作

キー操作	説明
SPACE	次のページを表示する
↑	上方向に1行スクロールする
↓	下方向に1行スクロールする
F	次のページを表示する（SPACEと同じ）
B	前のページを表示する
Q	manコマンドを終了する

マニュアルは小見出しで区切られています（**表3**）。

表3：マニュアルの見出し

見出し	説明
NAME（名前）	コマンドやファイルの名前と簡単な説明
SYNOPSIS（書式）	オプションや引数の書式
DESCRIPTION（説明）	詳細な説明
OPTIONS（オプション）	個々のオプションの説明
FILES（ファイル）	設定ファイルなど関連ファイル
NOTES（注意）	その他の注意事項
BUGS（バグ）	既知の不具合
SEE ALSO（関連項目）	関連項目
AUTHOR（著者）	プログラムやドキュメントの著者

マニュアルにはセクション（節）という概念があります。コマンドとファイルの名前が同じでも、収録されているセクションは異なります。例えばpasswdコマンドはセクション1、passwdファイルはセクション5に収録されています（**表4**）。

表4：主なセクション

セクション	説明
1	一般ユーザーコマンド
5	設定ファイル
8	システム管理コマンド

例えば、passwdファイル（/etc/passwd）のマニュアルを見ようとしても、次のコマンドを実行するとpasswdコマンドのマニュアルが表示されてしまいます。

passwdコマンドのマニュアルを表示

```
$ man passwd
```

そのようなときはセクション番号を指定してください。

passwdファイルのマニュアルを表示

```
$ man 5 passwd
```

注意　多くのマニュアルは日本語化されていますが、システムの設定やインストールパッケージの状況によっては英文マニュアルしか表示されません。

04-02 Vim（viエディタ）の基本

Vim（viエディタ）は基本的に、コマンドモードと入力モードという2つのモードを切り替えながら編集作業をしていきます（**図15**）。コマンドモードでは、キーボードからの入力は文字ではなく、Vimの機能を利用するためのコマンドであるとみなされます。文字を入力するには、入力モードに切り替えるコマンドを実行する必要があります。

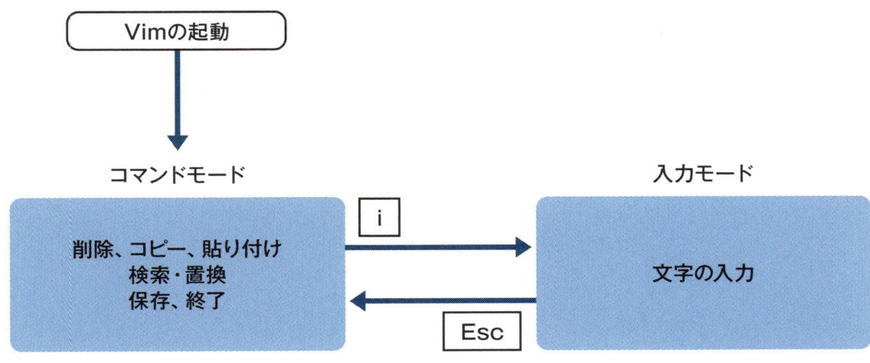

図15：コマンドモードと入力モード

Vimでファイルを開くには次のコマンドを実行します。

書式 **vim [ファイル名]**

何か適当なファイルをコピーして、編集してみることにしましょう。

/etc/resolv.confをカレントディレクトリにコピーしてVimで開く

```
$ cp /etc/resolv.conf .
$ vim resolv.conf
```

Vimを起動した時点ではコマンドモードです。

Vimで開いた/etc/resolv.conf

```
# Generated by NetworkManager
search example.com
nameserver 133.242.0.3
nameserver 133.242.0.4
nameserver 2401:2500::1
~
~
~
~
~
~
~
~
~
~
~
"resolv.conf" 5L, 119C
```

「~」は空行（データのない行）を意味します。いちばん下の行はメッセージラインといい、編集中のファイル名と行数、バイト数が表示されています。メッセージラインは、検索文字列の入力などに使われることもあります。

注意　環境によっては、Vim操作中はテンキーが無効になる場合があります。

Vimの終了

Vimを終了するには、まず「:」キーを押します。するとメッセージラインにカーソルが移動します*1。次に終了（quit）を表す「q」を入力し、Enterキーを押すと、Vimは終了します。

何か編集した後で、保存しないでVimを終了しようとすると、次のような警告メッセージが表示されます。

未保存に対する警告メッセージ

```
E37: No write since last change (add ! to override)
```

保存しないで終了したい場合は「:q!」のように、最後に「!」をつけます（**表5**）。Vimの操作に慣れないうちは、思ったとおりに編集できずやり直したくなることがあるでしょう。そのような時は保存しないで終了し、再度開いて編集し直してください。

表5：Vimの終了

キー操作	説明
:q	Vimを終了する
:q!	保存しないでviエディタを終了する

文字の入力

文字を入力するには、コマンドモードから入力モードに切り替えます。いくつかのコマンドがありますが、大文字と小文字が区別される点に注意してください（**表6**）。

＊1　この状態をコマンドラインモードということもあります。

表6：入力モードへの切り替えコマンド

キー操作	説明
i	カーソルの前から入力を開始する
a	カーソルの後から入力を開始する
I	行頭から入力を開始する
A	行末から入力を開始する
o	カーソル行の下に空白行を挿入して入力を開始する
O	カーソル行の上に空白行を挿入して入力を開始する

入力モードになると、メッセージラインに「-- INSERT --」と表示されます。

コマンドモードへの切り替え

入力モードでは、キーボードからの入力はすべて文字として扱われ、カーソル位置に入力されます。入力モードからコマンドモードへ戻るにはEscキーを押します。メッセージラインの「-- INSERT --」が消えてコマンドモードに戻ります。

Vim初心者のうちは、どちらのモードなのか分からなくなることがあるでしょう。困ったときはとりあえずEscキーを押しましょう。コマンドモードでEscキーを押してもコマンドモードのままなので問題ありません。

カーソル移動

カーソルの移動はカーソルキーで行えますが、**表7**の操作も覚えておくと便利です。

表7：カーソル移動のコマンド

キー操作	説明
0	行頭に移動する
$	行末に移動する
gg	ファイルの先頭行へ移動する
G	ファイルの最終行へ移動する
:<行番号>	行番号で指定した行へ移動する

切り取り、コピー、貼り付け

Vimでは、文字単位または行単位で切り取り（削除）やコピーを行います。切り取り・コピーした文字列はバッファ（Windowsでいうクリップボード）に保存され、任意の場所に貼り付けられます。

表8：編集のコマンド

キー操作	説明
x	カーソル位置の文字を切り取る（Delete）
XX	カーソル位置の手前の文字を切り取る（Backspace）
dd	カーソルのある行を切り取る
yy	カーソルのある行をコピーする
p	カーソルのある行の下にバッファの内容を貼り付ける
P	カーソルのある行の上にバッファの内容を貼り付ける

2文字で構成されるコマンドがある点に注意してください。例を見てみましょう。まず1行目でyyコマンド（コピー）を実行します。

コピーの例

```
#  Generated by NetworkManager
search example.com
nameserver 133.242.0.3
nameserver 133.242.0.4
nameserver 2401:2500::1
```

ここで「yy」

最後の行にカーソルを移動し、pコマンドを実行すると、末尾に1行目の内容が貼り付けられます。

貼り付けの例

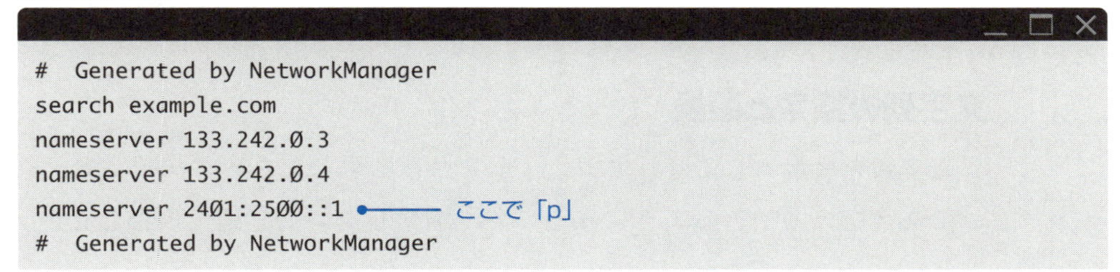

```
#  Generated by NetworkManager
search example.com
nameserver 133.242.0.3
nameserver 133.242.0.4
nameserver 2401:2500::1
#  Generated by NetworkManager
```

Vimでは、コマンドの直前に数字を入力すれば、その回数分だけコマンドが繰り返されます。1行目の内容はまだバッファに入っていますので、ここで「5p」と入力してみましょう。pキーを5回押したのと同じ結果になります。

繰り返し貼り付け

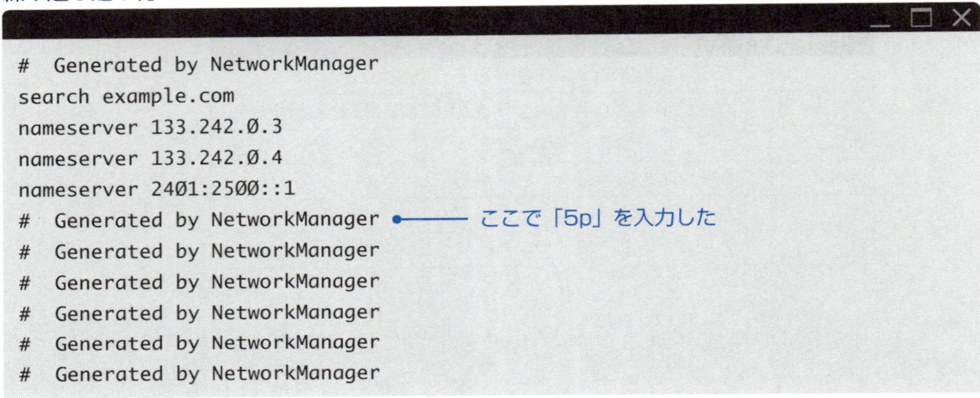
Generated by NetworkManager
search example.com
nameserver 133.242.0.3
nameserver 133.242.0.4
nameserver 2401:2500::1
Generated by NetworkManager
ここで「5p」を入力した
Generated by NetworkManager
Generated by NetworkManager
Generated by NetworkManager
Generated by NetworkManager
Generated by NetworkManager

同様に「3yy」はカレント行を起点として3行コピー、「20x」はカーソルのある文字を起点として20文字切り取り、となります。「5dd」(5行切り取り)を試してみましょう。

繰り返し切り取り

```
#  Generated by NetworkManager
search example.com
nameserver 133.242.0.3
nameserver 133.242.0.4
nameserver 2401:2500::1
#  Generated by NetworkManager
```

ここで「5dd」を入力した

文字列の検索と置換

文字列を検索するには、まず「/」を入力します。するとメッセージラインに文字を入力できるようになるので、検索したい文字列を入力しEnter

キーを押します。例えばカーソルが1行目にあるときに「/25」とすると、最初に「25」がマッチする箇所（5行目）にカーソルがジャンプします。

文字列の検索

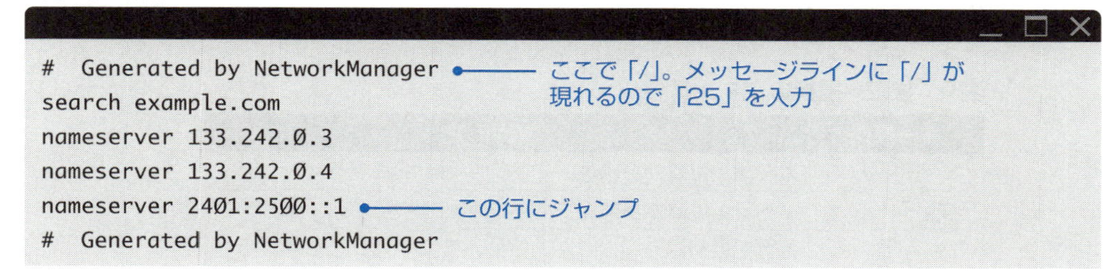

Generated by NetworkManager
search example.com
nameserver 133.242.0.3
nameserver 133.242.0.4
nameserver 2401:2500::1
Generated by NetworkManager
ここで「/」。メッセージラインに「/」が現れるので「25」を入力
この行にジャンプ

検索文字列にマッチする箇所が複数ある場合は、nキーを押すごとに次の候補へカーソルがジャンプします。Nキー（Shift + N）を押すと、反対方向（先頭への方向）に向かってジャンプします。

「/」はカーソル位置より下方向への検索ですが、カーソル位置より上方向への検索をしたいときは「/」の代わりに「?」を使います。その場合、nキーとNキーの動作は逆になります。このあたりは実際に操作して体感してみてください。

文字列の置換も見ておきましょう。

書式　**:%s/A/B/**

例えば、カーソルが1行目にあるとき、「:%s/name/NAME/」を実行してみると、「nameserver」が「NAMEserver」に置換されます。

「name」を「NAME」に置換

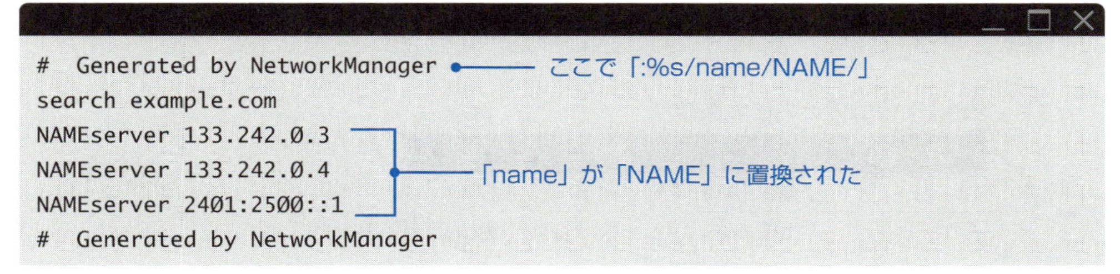

Generated by NetworkManager
search example.com
NAMEserver 133.242.0.3
NAMEserver 133.242.0.4
NAMEserver 2401:2500::1
Generated by NetworkManager
ここで「:%s/name/NAME/」
「name」が「NAME」に置換された

ちなみに、1行で複数の箇所がマッチした場合、最初の箇所しか置換されません。ファイル内のすべての文字列を置換するには、「:%s/name/NAME/g」のように、最後にgを追加してください。以上をまとめると**表9**のようになります。

表9：検索・置換のコマンド

キー操作	説明
/文字列	カーソル位置から末尾方向へ文字列を検索する
?文字列	カーソル位置から先頭方向へ文字列を検索する
:%s/A/B/	各行で最初に見つかった文字列Aを文字列Bに置換する
:%s/A/B/g	すべての文字列Aを文字列Bに置換する

ファイルの保存

ファイルを保存して終了するには、「:w」（ファイルの保存）「:q」（終了）の順に実行するか、「:wq」「ZZ」いずれかを実行します（**表10**）。編集中のファイルに書き込み権限がないと保存できないので、その場合は一時的に別名で保存しておきましょう。

表10：ファイルの保存コマンド

キー操作	説明
:w	ファイルを保存する
:w ファイル名	ファイルを指定した名前で保存する
:wq	ファイルを保存して終了する
ZZ	ファイルを保存して終了する

その他の操作

そのほか、知っておくとよい便利な操作を**表11**にまとめておきます。

表11：Vimのその他の操作

キー操作	説明
u	直前の操作を取り消す（Undo）
Ctrl+R	直前の取り消しを取り消す（Redo）
.	直前の操作を繰り返す
:set nu	行番号を表示する
:set nonu	行番号を表示しない

コマンドリファレンス

厳選コマンド50

Linuxの構築・運用において重要と考えられる50のコマンドをまとめました。一般ユーザーで実行可能なコマンドは「$」、rootユーザーでの実行が必要なコマンドは「#」のプロンプトで表しています。

ファイルリストを表示する　［ファイル操作コマンド］

ls [オプション] [ファイル名またはディレクトリ名]

オプション
- -A　「.」で始まるファイル名のファイルも表示する
- -d　ディレクトリ自体の情報を表示する
- -l　詳細に表示する
- -t　タイムスタンプでソートして表示する

▽/etcディレクトリ内のファイル一覧を表示する

```
$ ls /etc
```

▽/etcディレクトリ自体の情報を表示する

```
$ ls -ld /etc
```

▽ホームディレクトリ内のファイル一覧をすべて表示する

```
$ ls -A
```

ファイルやディレクトリをコピーする　［ファイル操作コマンド］

cp コピー元 コピー先

オプション
- -r　ディレクトリをコピーする

▽httpd.confファイルをhttpd.conf.oldというファイル名でコピーする

```
$ cp httpd.conf httpd.conf.old
```

▽/etc/hostsファイルをカレントディレクトリに同じファイル名でコピーする

```
$ cp /etc/hosts .
```

▽dataディレクトリを/tmpディレクトリ内にコピーする

```
$ cp -r data /tmp
```

ファイルを移動する　［ファイル操作コマンド］

mv 移動元 移動先

▽data.logファイルを/tmpディレクトリに移動する

```
$ mv data.log /tmp
```

ファイル名を変更する　［ファイル操作コマンド］

mv 元ファイル名 新ファイル名

▽ファイルdata.logの名前をold.data.logに変更する

```
$ mv data.log old.data.log
```

ファイル・ディレクトリを削除する　［ファイル操作コマンド］

rm ファイル名・ディレクトリ名

オプション
- **-r**　ディレクトリを削除する
- **-f**　削除してよいか確認しないで削除する
- **-i**　削除してよいか確認する

▽data.logファイルを削除する

```
$ rm data.log
```

▽dataディレクトリとその中のファイルを削除する

```
$ rm -r data
```

▽dataディレクトリとその中のファイルを確認なしで削除する

```
$ rm -rf data
```

ディレクトリを作成する　［ファイル操作コマンド］

mkdir ディレクトリ名

オプション
- **-m**　アクセス権を指定する

▽dataディレクトリを作成する

```
$ mkdir data
```

▽dataディレクトリをアクセス権700で作成する

```
$ mkdir -m 700 data
```

ファイルの種類を確認する　［ファイル操作コマンド］

file ファイル名

▽data.logファイルの種類を確認する

```
$ file data.log
```

テキストファイルの内容を表示する　［ファイル操作コマンド］

cat ファイル名

▽data.logファイルの内容を表示する

```
$ cat data.log
```

1ページずつ表示する ［ファイル操作コマンド］

less ファイル名

操 作

[space]	次のページを表示する
f	次のページを表示する
b	前のページを表示する
g	ファイルの先頭へ移動する
G	ファイルの末尾へ移動する
q	lessを終了する

▽data.logファイルの内容を表示する

```
$ less data.log
```

▽lsコマンドの実行結果を1ページずつ表示する

```
$ ls -l /etc | less
```

ファイルを検索する ［ファイル操作コマンド］

find [検索ディレクトリ] [検索式]

検索式

-name	ファイル名を指定する
-type	ファイル形式を指定する
-user	ファイルの所有者を指定する

▽カレントディレクトリ以下でファイル名に「.txt」を含むファイルを検索する

```
$ find -name "*.txt"
```

▽/tmpディレクトリ内で所有者がcentuserの通常のファイルを検索する

```
$ find /tmp -type f -user centuser
```

ファイルを圧縮する（.bz2） ［ファイル操作コマンド］

bzip2 ファイル名

▽servicesファイルをbzip2コマンドで圧縮する

```
$ bzip2 services
```

ファイルを展開する（.bz2） ［ファイル操作コマンド］

bunzip2 ファイル名

▽services.bz2ファイルを展開する

```
$ bunzip2 services.bz2
```

アーカイブの作成・展開を行う（.tar）　［ファイル操作コマンド］

tar オプション ディレクトリ

オプション

-c	アーカイブを作成する
-x	アーカイブを展開する
-f ファイル名	アーカイブファイルを指定する
-z	gzipの圧縮を使う（.gz）
-j	bzip2の圧縮を使う（.bz2）
-J	xzの圧縮を使う（.xz）
-t	アーカイブの内容を表示する
-v	詳しく表示する

▽/tmp/testディレクトリのアーカイブtest.tarを作成し、詳しく表示する

```
$ tar -cvf test.tar /tmp/test
```

▽/tmp/testディレクトリの圧縮アーカイブtest.tar.bz2を作成する

```
$ tar -cjvf test.tar.bz2 /tmp/test
```

▽アーカイブtest.tarを展開し、詳しく表示する

```
$ tar -xvf test.tar
```

▽アーカイブtest.tar.bz2を展開し、詳しく表示する

```
$ tar -xjvf test.tar.bz2
```

▽アーカイブtest.tar.bz2の内容を表示する

```
$ tar -tjf test.tar.bz2
```

アクセス権を変更する　［ファイル操作コマンド］

chmod [-R] アクセス権 ファイル名またはディレクトリ名

オプション　-R　指定したディレクトリ以下すべてのファイルのアクセス権を変更する

アクセス権の指定

u	所有者
g	所有グループ
o	その他ユーザー
a	すべてのユーザー
+	権限を追加する
-	権限を削除する
=	権限を指定する

▽sampleファイルの所有グループとその他ユーザーに書き込み権を追加する

```
$ chmod go+w sample
```

▽sampleファイルへの所有者・所有グループ以外の書き込み権を削除する

```
$ chmod o-w sample
```

▽sampleファイルのアクセス権を644（rw-r--r--）に設定する

```
$ chmod 644 sample
```

▽dataディレクトリとその中にあるすべてのファイルへの書き込み権を削除する

```
$ chmod -R a-w data
```

所有者を変更する

［ファイル操作コマンド］

chown [-R] 所有者 ファイル名またはディレクトリ名

オプション　**-R**　指定したディレクトリ以下すべてのファイルの所有者を変更する

▽sampleファイルの所有者をapacheユーザーに変更する

```
# chown apache sample
```

▽sampleファイルの所有者をapacheユーザーに、所有グループをwwwグループに変更する

```
# chown apache:www sample
```

所有グループを変更する

［ファイル操作コマンド］

chgrp [-R] 所有者 ファイル名またはディレクトリ名

オプション　**-R**　指定したディレクトリ以下すべてのファイルの所有グループを変更する

▽sampleファイルの所有グループをwwwグループに変更する

```
# chgrp www sample
```

ネットワークインターフェースの情報を表示する

［ネットワークコマンド］

ifconfig［ネットワークインターフェース名］

▽eth0の情報を表示する

```
$ ifconfig eth0
```

ネットワークインターフェースの情報を表示・設定する

［ネットワークコマンド］

ip 操作対象［サブコマンド］［デバイス］

▽eth0のIPアドレス情報を表示する

```
$ ip addr show eth0
```

ネットワークの疎通確認を行う

［ネットワークコマンド］

ping [-c 回数] ホストまたはIPアドレス

オプション　**-c**　ICMPパケットを送信する回数を指定する

▽ホスト192.168.0.3との疎通確認を4回行う

```
$ ping -c 4 192.168.0.3
```

ネットワークの状態を表示する　［ネットワークコマンド］

netstat ［オプション］

オプション
- **-l**　接続を待ち受けしているポートのみ表示する
- **-t**　TCPを表示する
- **-u**　UDPを表示する
- **-n**　ポートやホストを数値で表示する
- **-p**　ポートを開いているプロセスを表示する
- **-4**　IPv4のみ表示する
- **-6**　IPv6のみ表示する

▽開いているTCP/UDPポートを表示する

```
$ netstat -ltu
```

▽323番ポートを開いているサービスを確認する

```
# netstat -lup | grep 323
```

ネットワークの状態を表示する　［ネットワークコマンド］

ss ［オプション］

オプション
- **-l**　接続を待ち受けしているポートのみ表示する
- **-t**　TCPを表示する
- **-u**　UDPを表示する
- **-n**　ポートやホストを数値で表示する
- **-p**　ポートを開いているプロセスを表示する
- **-4**　IPv4のみ表示する
- **-6**　IPv6のみ表示する

▽開いているTCPポートを表示する

```
$ ss -lt
```

SSHでリモートホストに接続する　［ネットワークコマンド］

ssh [-p ポート] [ユーザー名@]接続先

▽host.example.comにSSHで接続する

```
$ ssh host.example.com
```

▽host.example.comにreikaユーザーとしてSSHで接続する

```
$ ssh reika@host.example.com
```

▽host.example.comの10022番ポートにSSHで接続する

```
$ ssh -p 10022 host.example.com
```

一時的に別のユーザーになる　[ユーザー管理コマンド]

su [-] [ユーザー名]

オプション　-　ログイン時の環境にする

▽rootユーザーになる（環境は変更しない）

$ su

▽rootユーザーになる（rootでログインした状態にする）

$ su -

▽指定したユーザーになる（blueユーザーでログインした状態にする）

$ su - blue

別のユーザーとしてコマンドを実行する　[ユーザー管理コマンド]

sudo [オプション] [コマンド]

オプション　-s　rootユーザーになる（環境は変更しない）

-i　rootユーザーになる（rootでログインした状態にする）

▽rootユーザーとしてshutdownコマンドを実行する

$ sudo /sbin/shutdown -h now

▽rootユーザーに切り替える

$ sudo -i

パスワードを設定・変更する　[ユーザー管理コマンド]

passwd [ユーザー名]

▽自分のパスワードを変更する

$ passwd

▽centuserユーザーのパスワードを変更する

passwd centuser

ユーザーを追加する

[ユーザー管理コマンド]

useradd [オプション] ユーザー名

オプション
- -g　プライマリグループを指定する
- -G　所属グループを指定する
- -d　ホームディレクトリを指定する
- -s　ログインシェルを指定する

▽blueユーザーを追加する

```
# useradd blue
```

ユーザーを削除する

[ユーザー管理コマンド]

userdel [-r] ユーザー名

オプション
- -r　ホームディレクトリも削除する

▽blueユーザーを削除する（ホームディレクトリを残す）

```
# userdel blue
```

▽blueユーザーを削除する（ホームディレクトリを残さない）

```
# userdel -r blue
```

ユーザー情報を変更する

[ユーザー管理コマンド]

usermod [オプション] ユーザー名

オプション
- -G　サブグループを指定する
- -g　プライマリグループを指定する
- -s　ログインシェルを指定する

▽centuserユーザーをwheelグループに参加させる

```
# usermod -G wheel centuser
```

グループを作成する

[ユーザー管理コマンド]

groupadd グループ名

▽developグループを追加する

```
# groupadd develop
```

グループを削除する　[ユーザー管理コマンド]

groupdel グループ名

▽developグループを削除する

```
# groupdel develop
```

過去のログイン・ログアウト履歴を表示する　[ユーザー管理コマンド]

last [ユーザー名]

▽ログイン・ログアウト履歴を表示する

```
$ last
```

最終ログイン日時を表示する　[ユーザー管理コマンド]

lastlog

オプション　-t　日数を指定する

▽最近７日以内の最終ログイン日時を表示する

```
$ lastlog -t 7
```

ログイン中のユーザーを表示する　[ユーザー管理コマンド]

who

▽現在ログインしているユーザーを表示する

```
$ who
```

プロセス情報を表示する

［システム管理コマンド］

ps [オプション]

オプション
- a　他のユーザーのプロセスも表示する
- u　ユーザー名も表示する
- x　端末から実行されていないサービスプロセス等も表示する
- -w　長い行は折り返して表示する
- -l　詳細な情報を表示する
- -e　すべてのプロセスを表示する

▽システム上の全プロセスを表示する

```
$ ps aux
```

▽システム上の全プロセスを表示する

```
$ ps -e
```

▽システム上の全プロセスを表示し、結果をlessコマンドで見る

```
$ ps aux | less
```

▽sshという文字列が含まれるプロセス情報のみを表示する

```
$ ps aux | grep ssh
```

システムとプロセスの情報を監視する

［システム管理コマンド］

top

操　作
- q　topコマンドを終了する

▽システム監視を開始する

```
$ top
```

プロセスを終了する

［システム管理コマンド］

kill [オプション] プロセスID

オプション
- -TERM　プロセスを正常終了する（デフォルト）
- -KILL　プロセスを強制終了する

▽プロセスIDが20000のプロセスを終了する

```
$ kill 20000
```

▽プロセスIDが20000のプロセスを強制終了する

```
$ kill -KILL 20000
```

プロセスを終了する ［システム管理コマンド］

killall ［オプション］ プロセス名

オプション **-TERM** プロセスを正常終了する（デフォルト）
オプション **-KILL** プロセスを強制終了する

▽vimプロセスをすべて終了する

```
$ killall vim
```

▽vimプロセスをすべて強制終了する

```
$ killall -KILL vim
```

パッケージを管理する ［システム管理コマンド］

yum [-y] ［サブコマンド］［パッケージ名］

オプション **-y** 質問に自動的にyesと回答する

サブコマンド
update システムをアップデートする
install パッケージをインストールする
remove パッケージをアンインストールする
info パッケージの情報を表示する
search パッケージをキーワードで検索する
list パッケージ情報のリストを表示する

▽システムを最新の状態にする

```
# yum update
```

▽httpdパッケージをインストールする

```
# yum install httpd
```

ディスクの使用状況を表示する ［システム管理コマンド］

df ［オプション］

オプション **-h** 読みやすい単位で表示する

▽読みやすい単位でディスクの使用状況を表示する

```
$ df -h
```

ファイルやディレクトリの容量を表示する　［システム管理コマンド］

du［オプション］［ファイルやディレクトリ］

オプション
- -c　容量の合計も表示する
- -k　Kバイト単位で表示する
- -m　Mバイト単位で表示する
- -s　指定したファイルやディレクトリのみの合計を表示する
- -S　サブディレクトリを含めずに合計する

▽dataディレクトリの容量を表示する

```
$ du -cs data
```

メモリとスワップの情報を表示する　［システム管理コマンド］

free［オプション］

オプション
- -h　読みやすい単位で表示する

▽メモリとスワップの情報を表示する

```
$ free
```

サービスを管理する　［システム管理コマンド］

systemctl サブコマンド サービス名

サブコマンド
- start　サービスを開始する
- stop　サービスを停止する
- restart　サービスを再起動する
- enable　システム起動時にサービスを自動的に開始する
- disable　システム起動時にサービスが自動的に開始しないようにする
- status　サービスの状態を表示する

▽Postfixサービスを開始する

```
# systemctl start postfix.service
```

▽Postfixサービスを停止する

```
# systemctl stop postfix.service
```

▽Postfixサービスを自動起動する

```
# systemctl enable postfix.service
```

▽Postfixサービスを自動起動しないようにする

```
# systemctl disable postfix.service
```

コマンドの実行スケジュールを管理する

［システム管理コマンド］

crontab [オプション]

オプション
- -e　スケジュール設定を編集する
- -l　スケジュール設定を表示する
- -r　すべてのスケジュール設定を削除する

▽スケジュール設定を編集する

```
$ crontab -e
```

▽すべてのスケジュール設定を削除する

```
$ crontab -r
```

システムを終了または再起動する

［システム管理コマンド］

shutdown [オプション] [時間]

オプション
- -r　システムを再起動する
- -h　システムを終了する

▽ただちにシステムを再起動する

```
# shutdown -r now
```

▽10分後にシステムを再起動する

```
# shutdown -r +10
```

▽22時にシステムを終了する

```
# shutdown -h 22:00
```

カレントディレクトリを表示する

［その他のコマンド］

pwd

▽カレントディレクトリを表示する

```
$ pwd
```

指定したディレクトリに移動する　[その他のコマンド]

cd [オプション] [ディレクトリ]

オプション　-　1つ前のカレントディレクトリへ移動する

▽/homeディレクトリに移動する

```
$ cd /home
```

▽ホームディレクトリに移動する

```
$ cd
```

▽1つ前のカレントディレクトリへ移動する

```
$ cd -
```

▽1つ上のディレクトリへ移動する

```
$ cd ..
```

コマンドの実行履歴を表示する　[その他のコマンド]

history

▽過去に実行したsudoコマンドの履歴を表示する

```
$ history | grep sudo
```

指定した文字列を表示する　[その他のコマンド]

echo 文字列

▽文字列"Hello"を表示する

```
$ echo "Hello"
```

▽変数LANGの内容を表示する

```
$ echo $LANG
```

変数をエクスポートし環境変数とする　[その他のコマンド]

export 変数名

▽変数LINUXを環境変数とする

```
$ export LINUX
```

▽変数LANGに値"C"をセットし環境変数とする

```
$ export LANG=C
```

シェルを終了する。ログアウトする

［その他のコマンド］

exit

▽ログアウトする

```
$ exit
```

文字列を検索する

［その他のコマンド］

grep [オプション] 文字列

オプション **-i** 大文字小文字を区別しない

▽/etc/servicesファイルの中から文字列「http」が含まれる行を検索する

```
$ grep http /etc/services
```

索　引

A・B・C

D・E・F

G・H・I

J・K・L

M・N・O

P・R・S

T・U・V

W・X・Y

あ

か

さ

た

な

は

ま・や

ら・わ

著者紹介

中島 能和（なかじま よしかず）

Linuxやセキュリティ、オープンソース全般の教育や教材開発に従事。リナックスアカデミー専任講師。著書に『Linuxサーバーセキュリティ徹底入門』『Linux教科書LPICレベル1/レベル2』（翔泳社）など多数。

装丁デザイン　二ノ宮 匡（ニクスインク）
DTP　株式会社シンクス

ゼロからはじめるLinux（リナックス）サーバー構築・運用ガイド
動かしながら学ぶWeb（ウェブ）サーバーの作り方

2016年7月5日　初版第1刷発行
2021年2月20日　初版第5刷発行

著　者　中島 能和（なかじま よしかず）
発行人　佐々木 幹夫
発行所　株式会社 翔泳社（https://www.shoeisha.co.jp）
印刷・製本　株式会社 シナノ

本書のお問い合わせについては、iiページに記載の内容をお読みください。
乱丁・落丁はお取り替えいたします。03-5362-3705までご連絡ください。

ISBN978-4-7981-4637-9　Printed in Japan